纺织行业"一带一路"国际合作发展研究中心资助出版

"一带一路"沿线国家特种动物纤维

王 华 著

U0241665

中国纺织出版社

内 容 提 要

本书针对"一带一路"沿线国家特种动物纤维资源及其性能进行了研究。对特种动物纤维表面形态特征，物理、化学及舒适性等相关性能，如表面鳞片结构、长度、细度、强伸性、卷曲性、摩擦性、舒适性等进行了测试与分析。并对有色动物纤维的脱色工艺及脱色纤维的性能做了试验分析。此外，还对脱色动物纤维混纺纱线及其织物进行了纺纱工艺优化和性能测试；针对相关问题提供了解决措施和建议。

本书适合毛纺专业技术人员和动物纤维研究人员参考、学习，也可供"一带一路"相关课题研究者参考。

图书在版编目（CIP）数据

"一带一路"沿线国家特种动物纤维 / 王华著 . --
北京：中国纺织出版社，2019.9
ISBN 978-7-5180-6198-3

Ⅰ . ①—… Ⅱ . ①王… Ⅲ . ①特种动物纤维—资源分布—世界 Ⅳ . ① TS102.3

中国版本图书馆 CIP 数据核字（2019）第 089563 号

责任编辑：符 芬　责任校对：寇晨晨　责任印制：何 建
中国纺织出版社出版发行
地址：北京市朝阳区百子湾东里A407号楼　邮政编码：100124
销售电话：010—67004422　传真：010—87155801
http://www.c-textilep.com
E-mail: faxing@c-textilep.com
中国纺织出版社天猫旗舰店
官方微博 http://weibo.com/2119887771
北京玺诚印务有限公司印刷　各地新华书店经销
2019年9月第1版第1次印刷
开本：787×1092　1/16　印张：10.5
字数：183千字　定价：88.00元

作者简介

　　王华，博士，外国留学生导师，上海市科技创业导师，高级工程师，1984年本科毕业于天津纺织工学院染整工程专业，1994年毕业于中国纺织大学获管理工程硕士学位，2006年毕业于东华大学纺织科学与工程专业获得博士学位。长期在棉纺织、印染工业、毛纺织生产和国际贸易一线工作，有丰富的纺织产业经验。2012年国家公派澳大利亚迪肯大学做高级访问学者；2017年任纺织行业"一带一路"国际合作发展研究中心首席研究员；2018年任乌兹别克斯坦塔什干纺织轻工大学荣誉教授，塔吉克斯坦教育科学部、工业创新发展部荣誉教授。目前，在东华大学从事纺织智能制造技术、印染技术、世界纺织非物质文化遗产教学及研究工作，主要研究方向：毛纺原料技术及应用、纺织品数码印花、世界纺织史研究等。主持完成省部级课题4项，发表论文50多篇，著作3部。

目 录

绪　　论

高档毛纺面料在国内外流行服装市场上一直备受关注，我国作为最大羊毛进口国家且拥有最大量羊毛制品和消费者人群，却在开发生产上严重受限于毛纺原料进口供应量，因此，新毛纺原料的开发成为我国毛纺工业的首要问题。目前，常用的毛纺原料是羊毛，但随着市场需求的增加，特种动物纤维的开发利用受到前所未有的重视。驼绒、羊驼毛、兔毛、兔绒、牦牛绒、马海毛、负鼠毛等特种动物纤维开发的毛制品拥有外观时尚、性能优良、高端大气等特点而受到广大消费者的青睐。因此，对特种动物蛋白质纤维的探索和开发很有研究价值。原料保障对于纺织行业稳定健康发展至关重要，充分发挥"一带一路"沿线国家特色天然纺织资源优势，大力加强动物养殖及其纤维加工技术的开发应用，促进毛、丝总值提升。在条件适宜的地区，加快建立养殖基地，加强动物纤维纺织专用设备的研究开发，结合市场需求，提高产品设计开发水平，并丰富纺织产品的种类。

一、特种动物纤维概况

人类在工业革命之前使用的纺织纤维均来自于自然界。例如，动物毛发、蚕吐的丝，以及如亚麻、棉和大麻等植物纤维。从西方纺织纤维历史来看，公元前1000年左右，斯堪的纳维亚半岛的居民大量使用羊毛纤维进行编织；公元前1100年至公元200年，秘鲁南部海岸的帕拉卡斯人具有很高水平的编织技艺。虽然这些工艺手法很早就出现了，但是在西方直到中世纪才得到普及繁荣。12～15世纪，挂毯作为宗教文化的载体装饰于冰冷的哥特式宗教建筑中。从当前出土文物来看，中国的缂毛要早于缂丝，在新疆就发现了汉代和南北朝时期的缂毛织物。赵恺清认为西方纤维艺术设计因地域气候多产羊毛、麻类，所以纺织纤维多采用羊毛材质，而中国最早开展缫丝养蚕活动，所以丝织最发达、最突出，因而世界关注点聚集于中国丝织品而忽略了毛织品。

我国是世界上最大的羊毛进口国，同时也是最大的羊毛制品出口国和消费国。羊毛加工量占世界加工总量的1/3以上，羊毛消费量在世界消费总量中占有重要一席，但是羊毛供应量的不断减少已成为我国毛纺工业发展的"瓶颈"问题。因此，特种动物纤维等纺织原料的开发利用受到前所未有的重视，对毛纺原料研究也向多元化方向发展，主要表现在利用新型毛纤维，如羊驼毛、兔毛、貂毛、马海毛等特种动物纤维。

动物纤维在纺织品上的应用可谓历史悠久。从史料记载和考古发现来看，纺织品中使用动物毛发、分泌物的历史可以追溯至遥远的古代，且使用的动物毛的种类已经较多，如山羊绒、牦牛毛、骆驼毛在我国古代纺织品中的利用可追溯至公元前3900年前或更远的时期。而随着利用动物毛进行纺织织造技术的发展以及消费者对高品质生活需求的不断提高，人们逐渐不满足于传统的动物毛纤维的利用。貂绒、狐狸毛、貉子毛、青根貂等稀有动物纤维也逐渐成为纺织面料，而不只是作为毛领、配饰，甚至纺成纱线，制作成面料，设计成服装。

在纺织业中，羊毛是毛纺工业的主要原料，产量占世界纺织用天然动物毛纤维总产量的97%左右。除绵羊毛以外，毛纺工业将其他可供纺织加工的动物毛纤维统称为特种动物纤维。这些动物纤维产量较稀少，只占世界动物毛纤维产量的3%左右，所以有时也称作"稀有动物纤维"。特种动物纤维目前大部分已广泛应用于纺织加工领域，由于特种纤维一般都拥有一项或多项优异性能，与此同时有些也会存在纤维短、强力低等缺点，因此，多与其他纤维混纺，以达到取长补短的效果。目前，特种动物纤维已经可以通过半精纺、粗纺、走锭纺等多种纺纱工艺制成各种粗细的针织纱，也可以通过精纺并与其他纤维混纺制成高档机织面料，近年来，利用特种动物纤维开发的毛绒毯也广泛受到市场的青睐，所以对特种动物毛纤维的研究和开发利用至关重要。可用于纺织加工的动物纤维主要有山羊绒、兔毛、牦牛绒、骆驼绒、羊驼毛、负鼠毛、骆马毛等。

（一）兔毛

兔毛分为普通兔毛和安哥拉兔毛两种，其中安哥拉兔毛的质量较好，颜色洁白。我国是世界第一兔毛产量大国，占全世界总产量的80%以上。兔毛在我国纺织工业中的利用起步较晚，到1979年尚无兔毛加工专用设备，上海、无锡、嘉兴利用旧的粗毛纺设备加工兔毛针织纱，共1280锭，1980年耗用兔毛47 t，仅占当年收购量的1%。20世纪80年代各地陆续引进设备加工兔毛，加工能力逐步扩大，1980年全国兔毛纺纱规模已达9万纱锭，年耗兔毛约3000 t。如今，我国已大量引进国外先进技术和设备，不但可以加工高比例兔毛混纺产品，还可以精纺。

兔毛分为细毛、粗毛和两型毛三种类型。细毛又称兔绒，细度为12～14 μm，有明显弯曲，但弯曲不整齐，大小不一。细毛由于具有良好的理化特性，在毛纺工业中纺织价值很高，用于生产高档服装面料。粗毛又称枪毛或针毛，是毛纤维中最长、最粗的一种，细度为30～120 μm，直而硬，光滑，无弯曲，缺乏柔软性，纺织价值较低。两型毛属粗毛类型，在单根毛纤维上有两种纤维类型，纺织价值次于细毛。兔毛中粗毛含量高低主要受品种影响，如西德长毛兔粗毛含量低于5%，而法系长毛兔及我国培育的粗毛型长毛兔粗毛含量高达10%～13%。

粗毛含量不同的兔毛价值取决于其织品在市场上流行与否。毛兔饲养者应根据市场变化，生产适销对路、价值高的兔毛。据目前兔毛行情，兔绒价格较混合毛高20%。为此，掌握兔绒生产技术，多产细毛，是提高毛兔生产效益的有效手段。

近年来，又出现了环保型的新品种兔——彩色兔。养兔业较为发达的国家先后开始了这种人见人爱的彩色兔的养殖。美国的彩兔品种较多，我国也有一定的数量与品种。

1. 兔绒的质量要求

（1）细度。兔绒平均细度应在12.7 μm左右，不能超过14 μm，超过者要作降级降价处理。

（2）长度。一级兔绒平均为3.35 cm，二级兔绒为2.75 cm，三级兔绒为1.75 cm。

（3）粗毛含量。一般兔绒中粗毛含量应控制在1%以内。

（4）兔绒应为纯白色，全松毛，不能带有缠结毛和杂质。

2. 兔绒生产

由于长毛兔被毛中粗毛生长速度较绒毛（细毛）快，故粗毛一般突出于绒毛表面。生产时先要仔细将粗毛拔净，越净越好，然后用剪毛方法将剩余兔绒采集下来。剪毛时，要绷紧兔皮，剪刀紧贴皮肤，一剪一步，循序渐进。剪毛顺序为背部→体两侧→头部、臀部、腿部→腹下部、四肢。边剪边将好毛与次毛分开。适于生产兔绒的兔以青年兔、公兔为宜，粗毛型长毛兔、老年兔、产仔母兔（腹毛增粗）等均不适宜生产兔绒，兔绒一般每隔70～80天生产一次。生产兔绒时，可提前15～20天先将粗毛拔净，待粗毛毛根长至与绒毛剪刀口相平时，再剪绒毛。这样就解决了重复剪绒毛因粗毛高出绒毛不多而拔不净粗毛的困难，可多次重复，以生产质量高的绒毛。

（二）马海毛

马海毛是原产于土耳其安哥拉地区的安哥拉山羊的毛。一般山羊毛是根粗尖细且无卷曲的刚毛，马海毛较细且细度均匀并有卷曲，只是不如绵羊毛的卷曲多，一般为白色。但其长度比绵羊毛要长，细度属半细毛，纤维表面光滑，有蚕丝般的光泽。世界上现有纯种安哥拉山羊1500万只以上，年产马海毛2万t。安哥拉山羊多集中饲养在土耳其、南非、美国、苏联、莱索托、阿根廷、澳大利亚等地区。我国马海毛生产起步较晚，1985年才开始从国外引入安哥拉山羊在陕西进行纯种的繁育，后又与当地白绒山羊杂交培育出我国的安哥拉山羊。截至目前，陕西安哥拉山羊约有5万只，年产马海毛约200 t，纤维品质与进口马海毛接近。目前，国内已批量生产出具有丝绸风格和毛纺风格的产品。丝绸风格的有：马海毛与绢丝、腈纶混纺，再分别与桑绢丝、生丝、涤纶丝交织。毛风格的有：马海毛与绢丝、腈纶混纺纱作经纬纱织造，或与毛/涤纱交织，或用马海毛与绢、毛混纺纱，再与毛/涤纱交织等。

南非是马海毛生产和出口大国，南非的每一个牧场都必须严格遵守该国羊毛协会颁布的《剪羊毛实务守则》的规定。首先，大多数牧场都是由马海毛拍卖公司所属剪毛服务队剪毛，相对而言，这些专业的剪毛人员更能掌控马海毛的质量。其次，由剪毛服务人员对羊毛进行分拣、打包，去除残次毛和杂质，并对马海毛进行分级。马海毛的包装袋由拍卖公司统一提供。这也从运输环节避免了杂质对于马海毛的污染，从而影响其质量。马海毛包装完成后，立即运到拍卖公司仓库，然后委托经授权或取得资格认证的第三方检测公司检测并出具检测报告。最后，才进行马海毛的拍卖，马海毛拍卖每2～3周举行一次，所有拍卖由羊毛协会和马海毛协会组织，只有SAWAMBA注册成员才允许在拍卖会中参加竞买。对于销售终端出口商的这种管理模式，实际上也保障了由南非出口的马海毛质量。

（三）驼绒与牦牛绒

骆驼绒（camel hair）是优良的纺织原料。我国饲养的骆驼主要是双峰驼，总共约有60万头，约占世界总双峰驼数量的1/3；年产骆驼绒约2000 t，产量占世界产量的20%，是世界上较大的骆驼绒生产国，居世界骆驼绒产量的第二位。骆驼绒毛由绒毛、刚毛和两型毛组成，颜色以浅褐色为主。现年产骆驼绒毛2500 t左右，大部分为国内使用，有少量出口。骆驼绒毛的御寒保暖性好，是上等的毛纺原料之一，广泛应用于大衣面料、针织、手编披肩、毛衣、毛毯等领域，产品高档华贵。较细的绒毛用于制作长毛绒和衣服衬里，粗的则用于制作粗呢和地毯。在特种动物绒毛中，除马海毛外，骆驼绒的平均长度较长，可适应毛纺（精纺、粗纺）和棉纺加工系统，不仅可进行纯纺，还可与其他纤维原料进行混纺。其与羊绒一样可制成精梳条，在毛精纺和棉纺设备上纺制精纺纱，也可在毛粗纺设备上纺制粗纺纱。在纺制细纱时，可采用环锭、走锭或新型纺纱设备。可根据无毛绒的力学性能和产品的用途进行选择。

骆驼绒可以染深色或不染色而直接使用，与其他纤维混纺时，可以先染色再进行混纺，以保持其颜色的一致，对于混纺比例较大的或纯骆驼绒浅色产品，必须对骆驼绒进行脱色处理。一般而言，骆驼绒的色号不受太大的限制，驼色、浅米色、铁锈红、藏青、紫红、咖啡色等均可生产。

牦牛被称作"雪域之舟"，是生活在青藏高原上的独有优良耐寒畜种，牦牛也是我国青藏高原及邻近地区的主要牛种。从牦牛身上抓下的绒毛，经分梳后，绒纤维品质与山羊绒相近，具有细腻、光滑、柔软的特点，但长度稍短，一般为浅褐色，但我国已育成白色种群。全世界牦牛数量约为1400万头，我国青海、西藏、四川、甘肃等地牦牛数量占世界牦牛总头数的85%以上，国外牦牛则分布于蒙古国、俄罗斯和中亚等地区。牦牛每年采毛一次，成年牦牛年产毛绒总量为1.17~2.62 kg，幼龄牛的为1.30~1.35 kg，其中粗毛和绒毛各占一半。而能作为纺织原料的精梳牦牛绒，只占牦牛原绒总数的10%左右，其稀有程度可见一斑，我国年产牦牛绒毛约3500 t。牦牛绒是牦牛的绒毛，其手感滑糯、保暖性强、纤维强力高、耐腐蚀且成本较低，重要的是牦牛绒的开发既经济又环保。牦牛绒在毛纺织工业已开始利用，通常用于粗纺，与羊绒或羊毛混合制成高档毛衫、毛呢、大衣呢等。目前随着纺织技术的进步，已经出现了牦牛绒和羊毛混纺的精纺和半精纺产品。美国靠近加拿大地带有一种麝牛，这种动物跟牦牛一样稀有，美国人很重视其价值的开发，这种麝牛绒纺成的纱价格可达300多万元/t。而我国的牦牛绒价格目前最高能卖到30多万元/t。

（四）羊驼毛

羊驼的外形介于绵羊和骆驼之间，故称羊驼。羊驼产于拉丁美洲的秘鲁、阿根廷，羊驼绒属极稀有动物纤维。世界上现有羊驼大约30万头，其中90%以上分布在南美地区，澳大利亚和美国已经开始大规模饲养。中国的羊驼业刚刚开始起步，目前还没有自主的羊驼毛供应来源。幼年羊驼毛纤维纤细、柔软、中空，优良产品为浅粉红色，成年羊驼毛较粗，色较暗。羊驼纤维可用于生产女式大衣、男式外套、羊驼绒衫、围巾、包、地毯、粗绒线等许多品种，人们因其保暖、耐用、不渗透以及贴近自然的感觉而对其格外青睐。

羊驼毛是我国近几年开发应用的一种特种动物纤维。羊驼毛的保暖性、耐磨性强于羊毛，成为继山羊绒之后又一种用于中高档冬季服饰的特种动物纤维。羊驼毛纤维与绵羊毛相似，基本组成物质都为蛋白质。所有蛋白质都能被酸或碱溶液水解，水解后的最终产物为α-氨基酸，因此，蛋白质是由许多α-氨基酸缩聚而成的大分子。羊驼毛纤维可以分为三个组成部分：包覆在毛干外部的鳞片层；组成毛纤维实体主要部分的皮质层；在毛干中心，由不透明毛髓组成的髓质层，多数细毛无髓质层。羊驼毛细度随其品种、年龄、性别、毛的生长部位和饲养条件的不同，有相当大的差别。在同一只羊驼身上，毛纤维的细度也有差异。有时一根纤维的毛尖、毛干和毛根3个部分的粗细也不均匀。因而，羊驼毛纤维的细度、离散程度都比较大。羊驼毛的卷曲形状以常卷曲和弱卷曲为主，强卷曲较少。羊驼毛的卷曲数少于澳毛，特别是苏力羊驼毛更少，卷曲率也很小，卷曲牢度差，但卷曲弹性恢复能力比15.625 tex（64公支）澳毛稍差。

（五）山羊绒

山羊绒是世界上名贵稀有的特种动物纤维，毛纺织工业的高档原料，被人们誉为"纤维钻石""软黄金"。它是山羊为抵御寒冷而在山羊毛根处生长的一层细密而丰厚的绒毛，简称羊绒。气候越寒冷，羊绒越丰厚，纤维越细长。由于亚洲克什米尔地区在历史上曾是山羊绒向欧洲输出的集散地，所以，在国际市场上习惯称山羊绒为"Cashmere"，中国采用其音译为"开司米"。

世界山羊绒的主要生产国正是"一带一路"沿线国家，有蒙古国、伊朗、阿富汗、哈萨克斯坦、吉尔吉斯斯坦、巴基斯坦、土耳其等。同时，中国是世界上羊绒产量最大的生产国，约占世界总产量的70%以上；蒙古国生产羊绒约20%，还有极少的一部分羊绒在其余的国家生产。蒙古国是最大的内陆国家，主要以畜牧业为主，盛产羊毛、羊绒等畜牧产品。经调研，近几年，蒙古国羊绒年产量在4000 t左右，每年经蒙古国梳绒厂洗净加工后通过二连口岸进口。喀什米尔羊绒也是蒙古国的第三大支柱产业，该羊绒是长在一种稀有的山羊身上，与藏羚羊同属山羊科，体形不大。开司米山羊（capra bincus）正濒临灭绝，50年前就已被列为受保护动物。与其他纤维相比，羊绒具有光泽自然、柔和、纯正、艳丽等优点。由于山羊绒的重要经济价值和多种用途，20世纪70年代以来，澳大利亚、新西兰、苏格兰、美国等也相继开始发展山羊绒产业。

羊绒的价格受三种因素（细度、长度和颜色）影响。国际纺织工业部门对山羊绒的细度要求以直径为13.0~16.0 μm的为最好，在国际市场上，直径在16.0 μm以下、长度长的山羊绒价格最高，随直径加粗，单价也随之下降。颜色分为白绒、青绒、紫绒，其中白绒最珍贵，仅占世界羊绒产量的30%左右。蒙古国产的羊绒，颜色以青、紫为主，约有5%的白绒、70%的青绒和紫绒，长度为35~37 mm，细度在13~15 μm。阿富汗、伊朗、哈萨克斯坦、吉尔吉斯斯坦等中西亚国家产的绒，颜色以深色为主，细度粗，长度短，手感较差。阿富汗山羊绒纤维直径为16.5~17.5 μm；伊朗山羊绒纤维直径为17.5~19 μm，只能纺制粗纺的羊绒制品；俄罗斯的顿河山羊绒纤维直径为19.5 μm；土耳其山羊绒纤维直径为16~17 μm；澳大利亚野化山羊绒纤维直径为16.5~16.9 μm。中国的山羊绒不仅细度好，纤维直径为13~15 μm，而且白绒的比例较高，约占40%。

在中国西部、北部地区，包括新疆、青海、甘肃、宁夏、内蒙古、辽宁等地，主要生产长度为34~42 mm以上的白无毛绒，是针织服装的主要原料；中部的陕西、山西、山东、河北等地，生产长度为22~32 mm的无毛绒，适合制作粗纺机织产品。西藏的紫绒，以细度为14.8 μm，长度为34 mm的手感好，颜色纯正，风格独特，受到市场的欢迎。辽宁白绒山羊的个体产绒量较高。内蒙古的阿拉善绒山羊、阿尔巴斯绒山羊、二郎山绒山羊以及赤峰塞罕绒山羊生产的山羊绒被称为绒中极品"白中白"（长度36 mm以上、细度15.3 μm以下），西藏选育的藏北白绒山羊生产的白绒，质量尤佳。

澳普蒂姆纤维是利用羊毛物理变性技术调整羊毛纤维内部结构而成的。它的技术原理是在特定条件下，利用物理原理对普通羊毛牵引拉伸，从而使纤维细度降低了3 μm。这样，处理后的羊毛在细度上就会达到甚至超过山羊绒的细度，其长度则可成为山羊绒的3~4倍，成为一种全新的、具有羊绒特性的新型纤维。用澳普蒂姆纤维生产出来的产品具有山羊绒的特点：细薄轻软、手感柔滑、色泽鲜艳、吸湿保暖、风格高档、穿着舒适，其滑糯性、伸长率、强力系数等指标均优于羊绒。

随着纺织技术和饲养技术的不断发展，特种动物纤维的应用量也在不断增加。我国盛产山羊绒、兔毛、牦牛绒等特种动物纤维，产量、质量都在世界占有优势，除部分出口外，大部分在国内使用。其中山羊绒具有软、暖、柔、细、轻、滑的特点，颜色有白、蓝灰、褐红等。据统计，全世界山羊绒年产量为10000~12000 t，而我国产绒量约占世界产绒量的70%。山羊绒是我国传统出口产品，20世纪80年代以后，我国建立了羊绒分梳厂和大型羊绒加工厂，不仅开始了无毛绒的出口，也出口多种羊绒制品畅销近30个国家和地区，受到消费者青睐。

二、特种动物纤维及其检测技术研究综述

目前，大部分特种动物纤维已广泛应用于纺织加工领域，已经可以通过半精纺、粗纺、走锭纺等多种纺纱工艺制成各种粗细的针织纱，也可以通过精纺并与其他纤维混纺制成高档的机织面料。

由于山羊绒、兔毛、牦牛绒和骆驼绒等特种动物纤维的手感柔软滑腻，光泽自然明亮，细度小而均匀，产品风格独特，近年来成为毛纺织品中的高档产品。先后有不同的组织机构或个人对这些特种动物纤维做过大量的测试和详细的分析。此外，还存在许多尚未开发利用的特种动物纤维，如水貂毛纤维、北极狐绒毛纤维、狗毛纤维（又称宝斯绒纤维）等，这些纤维同样具有一项或多项优良的性能，对此，尚只有少量研究。

从特种动物蛋白质纤维检测问题上看：上海市质量监督检验技术研究院纤维检验所的闫畅和王浩认为现有的动物纤维检测标准不能满足毛纺行业发展需要，GB/T 16988—2013仅概括了常用7种动物纤维的表面形态特征，但随着市场经济的发展，一些新型特种动物纤维，如骆马毛、鹿毛、貂毛、马尾纤维等不断出现。检测机构无法对这些纤维进行定性定量分析，无法满足客户需求。而且特种动物纤维都属于天然蛋白质纤维，常规的化学方法并不能对其进行定性定量鉴别。不同动物纤维具有其特有的表现特征，但有些纤维间也有相似之处，使鉴别困难，如绵羊毛与山羊绒、紫毛与紫绒、山羊绒与马海毛。

从特种动物蛋白质纤维检测技术和方法上看：传统的纺织纤维鉴别方法如显微镜法、燃烧法、溶解法已经不能满足目前中国毛纺行业动物纤维检测需求。随着科技的发展，一些新的检测技术应运而生，例如，拉曼光谱分析技术和DNA检测技术。拉曼光谱分析技术是定性分析的强有力的工具。拉曼光谱常包含许多确定的、能分辨的拉曼峰，所以，原则上应用拉曼光谱分析可以区分各种试样。因为它与红外光谱有相同的波长范围，但操作比红外光谱简单。董琳琳和肖宏晓在《简介拉曼光谱在纺织纤维定性中的应用》文中认为拉曼光谱主要用

在针对混纺织物的纤维定性鉴别中，由于每种纤维的分子组成不同，得出的光谱图也各具特征。首先采取各种不同的纤维的单组分织物在拉曼光谱仪上测出光谱图，提取特征值、特征表的方法记录每种纤维的特征峰个数、特征峰的值以及对应的X轴上的值以建立数据库，再将待测样品进行测量得出谱图与数据库中的值进行对比，即可得出织物的纤维组分。该方法能满足纤维检测的要求，并以快速、无损、环保的优点弥补了传统方法的不足，具有很高的应用价值。

师皓钰认为DNA检测技术的发展，在天然动物纤维鉴别方面日益扮演着重要的角色。国外学者Ochen Kalbe等人通过采用酚氯仿法从人类毛发中提取出高水平的DNA基因组，并不断扩展其应用范围，包括对羊驼、山羊、牦牛等纤维的提取上，为当前分子生物鉴定技术的发展提供了发展空间。在当前发展过程中，通过对毛发DNA提取技术进行改进，提高抽提试剂盒的设计水平。国外学者K.Takayanagi等人将人体毛发作为研究对象，挖掘酚氯仿抽提法、NaI处理法和有机硅磁珠抽提法三类技术，扩展当前调控区域，并将其作为DNA抽提效率和质量的评价手段。美国学者Nelson等人通过对物种特异的绵羊进行鉴定性的实验，对羊绒与马海毛的DNA特征进行鉴定，拓展纤维的检测方法，但是，该类方法由于生物性水平有限，需不断提高各种应用技能。在鉴别区分过程中，羊毛、羊绒、骆驼毛等的鉴别难度大，英国学者Kirsten等人不断提高物种的特异性，不断实现纤维鉴别的效率，同时采用系统性的方法对DNA的提取进行比较，不断提高各种工序对DNA抽提的影响，最大限度提高各种加工工序的链接性，包括染色体对DNA的直接影响。随着DNA检测技术的发展，该类方法可以发挥更大价值，包括对DNA抽提效率的提升，在这个过程中，只有发挥检测的功能性，才可以提升检测的精准性。

三、特种动物在"一带一路"沿线国家的分布及特点

（一）羊驼

南美洲安第斯山区，尤其是秘鲁、智利、玻利维亚等国家的高原山区，分布着世界上绝大多数的羊驼，这些地区的羊驼是自然放养。羊驼喜欢栖息在海拔高的草原和高原上，最高海拔可达5000米。秘鲁有300多万只羊驼，占全世界总数的70%~80%，但限制出口。智利每年只允许出口300只。而澳大利亚、美国等少数产地每年只能投放少量供应国际市场。澳大利亚的维多利亚州和新南威尔士州也分布着一些羊驼，而这里的羊驼是人工养殖的。澳洲的羊驼产业比较发达，经常在网络、电视、电影上面可以看到澳洲羊驼。在大洋洲的另一个国家——新西兰，也分布着羊驼。羊驼可以说是新西兰的国宝级动物，全国有好几个羊驼农场。美国引进并养殖了不少羊驼，且广受美国人民的喜爱。每年的9月最后一个周末是美国羊驼农场节，在节日里，人们可以与羊驼进行各种互动。英国也有几个大牧场养殖羊驼，其中比较出名的就是谢菲尔德的羊驼村。在英国，还可以租羊驼旅游，一边遛着羊驼，一边观赏美丽风景。

（二）骆驼

骆驼分为单峰驼和双峰驼两种，从数量看，非洲数量最多，约占全世界骆驼总数的71.75%，特别是北非撒哈拉沙漠的东南边界的国家里，骆驼占有很重要的经济地位；亚洲次

之，约占26.9%；欧洲、大洋洲仅占1.35%。

从分布的国家看，全世界共有23个国家中有骆驼，其中总数在290万峰以上的国家有苏丹、索马里；95万峰以上的国家有印度、埃塞俄比亚；20万峰以上的国家有中国、蒙古、毛里塔尼亚和巴基斯坦；10万峰以上的国家有乍得、尼日尔、肯尼亚、阿富汗、伊拉克、俄罗斯和摩洛哥。从分布的生态地理规律看，则是由草原带向荒漠带过渡，荒漠化程度越高，其数量也就越多。

虽然单峰骆驼仍约有1.3×10^8峰存活，但是野生物种已经濒于灭绝。用于家畜的单峰驼主要见于苏丹、索马里、印度及附近国家，还有南非、纳米比亚和博茨瓦纳。双峰驼曾经分布广泛，但是只剩余约1.4×10^8峰，主要为家畜。估计约有1000只野生双峰驼生活在戈壁滩，以及少量生活在伊朗、阿富汗、哈萨克斯坦。双峰驼产自亚洲中部的土耳其斯坦、中国和蒙古，在我国西北方的内蒙古、新疆、青海、甘肃等地多有分布，其中，内蒙古阿拉善盟有"骆驼之乡"之称。单峰驼主产于非洲北部、亚洲西部，部分产自苏丹、埃塞俄比亚、索马里等地，数千年前已在阿拉伯中部或南部被驯养，目前大多分布在西印度到巴基斯坦一带，再是伊朗至北非一带。

（三）牦牛

野牦牛原是我国青藏高原一带的特产动物，是典型的高寒动物，性极耐寒。分布于新疆南部、青海、西藏、甘肃西北部和四川西部等地。栖息于海拔3000～6000 m的高山草甸地带，人迹罕至的高山大峰、山间盆地、高寒草原、高寒荒漠草原等各种环境中，夏季甚至可以到海拔5000～6000 m的地方，活动于雪线下缘。

据记载，百年前野牦牛分布范围较广，占据了喜马拉雅山北坡、昆仑山及其毗邻的山脉。近几十年的野外调查则表明，由于人类活动范围的扩大，野牦牛分布范围已缩小至海拔为4000～5000 m的雅鲁藏布江上游、昆仑山脉、阿尔金山脉和祁连山两端环绕的约1.4×10^{12} m²（140万平方公里）的耸山寒漠中。野牦牛是家牦牛的祖先，曾经分布很广泛，现在仅存在青藏高原上，为国家一级保护动物。

全世界现有牦牛1400多万头，大都分布在中国青藏高原和甘肃地区及其周围海拔3000 m以上的高寒地区。在中国，主要分布于中国四川、青海、西藏、新疆等省（区）。除中国外，与中国毗邻的蒙古、俄罗斯中亚地区以及印度、不丹、锡金、阿富汗、巴基斯坦等国家均有少量分布。

（四）骆马

骆马分布于安第斯山区和南美洲南部的草原、半荒漠地区，包括阿根廷、玻利维亚、智利、秘鲁和厄瓜多尔。产在这些地区和安第斯山区海拔3500～5750 m高的半干旱草原上。骆马分为两个品种：Qara和Chaku，两个品种的数量分别为150万、100万。与秘鲁的羊驼相比，骆马生活在更高海拔的山区，气候环境更加严峻。昼夜温差变化大，且紫外线辐射强烈。极端恶劣的气候条件，加上它们摄入的高原特有的高纤含量的依秋草和菌类，使骆马毛皮集聚了比其他天然动物毛皮更柔软、更轻盈、更保暖、更耐磨损等特性。

（五）负鼠

负鼠是一种比较原始的有袋类动物，主要产自拉丁美洲，只有一种（北美负鼠）分布在美国和加拿大。分布地区为南美洲、澳洲、美国、加拿大。草原负鼠生活在阿根廷干旱而寒冷的巴塔哥尼亚和蒙特沙漠 (Monte Desert) 地区，主要以老鼠和节肢动物为食。

在新西兰，最常见的负鼠是Brushtail Possom，它是新西兰的一种主要的农作物、保护植物的害虫。新西兰的负鼠是从1850年开始由欧洲殖民者从澳大利亚引入新西兰的；在1980年前后，新西兰全境内的负鼠达到高峰数量，共有6000万～7000万只。从那时候开始，新西兰全境内开始控制负鼠的数量。负鼠在新西兰是畜牧业和养殖业以及乳制品业的敌人，它们是牛结核病的传播载体，由于负鼠会不停地流窜在各个地方，所以一旦载有病菌的负鼠抵达某个牧场，那么这个牧场的牲畜被感染的风险会非常之高。负鼠在树林中也是有害动物，它们破坏植物的根部、侵害森林中居住的雏鸟并偷吃鸟蛋。

（六）安哥拉山羊

安哥拉山羊原产于土耳其首都安卡拉（旧称安哥拉）周围，主要分布于气候干燥、土层瘠薄、牧草稀疏的安纳托利亚高原。饲养数量较多的国家有土耳其、美国、南非、阿根廷、澳大利亚、乌兹别克斯坦、哈萨克斯坦等国。自1984年起，我国从澳大利亚引进该品种，目前主要饲养在内蒙古、山西、陕西、甘肃等地。

美国的安哥拉山羊业可追溯至1894年，由土耳其带到南卡洛来纳的一批精选安哥拉山羊。以后便向其他州特别是得克萨斯的一些牧区推广。用安哥拉山羊与当地的短毛型山羊杂交形成了现有的美国安哥拉山羊。

俄罗斯于19世纪初和20世纪初两次从土耳其引入安哥拉山羊，但因气候恶劣而未成功。1936～1937年，又从美国进口700只安哥拉山羊与地方山羊和中亚（乌兹别克斯坦、塔吉克斯坦、哈萨克斯坦和土库曼斯坦）的安哥拉山羊杂交，通过选择于1962年培育成苏维埃马海毛山羊（Soviel Mohair）。此外，安哥拉山羊在阿根廷、澳大利亚、新西兰、索托、印度等地也有一定分布。现以土耳其、美国和南非饲养最多。国内安哥拉山羊的数量在3000只左右。目前大约有12个省区引进安哥拉山羊进行饲养，饲养数量最多的是陕西、内蒙古、河南、青海、山西等地。主要饲养在年降水量为300～500 mm的地区，但年降水量达1200 mm左右的江苏省南通市，饲养安哥拉山羊也表现良好。

（七）貉

貉生活在平原、丘陵及部分山地，兼跨越亚寒带到亚热带地区，栖河谷、草原和靠近河川、溪流、湖泊附近的丛林中，穴居，洞穴多数是露天的，常利用其他动物的废弃旧洞，或营巢于石隙、树洞里。

貉是东亚特有动物，原产于俄罗斯和亚洲的朝鲜、日本、中国、蒙古等国，日本数量较多，而在中国的一些地方已经灭绝。1927～1957年被引入欧洲北部和东部，貉后来被引入欧洲，包括奥地利、白俄罗斯、捷克、爱沙尼亚、芬兰、法国、德国、匈牙利、哈萨克斯坦、拉脱维亚、立陶宛、摩尔多瓦、荷兰、挪威、波兰、罗马尼亚、斯洛伐克、瑞典、瑞士、乌克兰，曾在部分地区快速地扩散。

四、特种动物蛋白质纤维性能研究综述

（1）蛋白酶在毛防毡缩上的应用研究现状。随着生物化学理论和应用的飞速发展，生

态环保观念的日益普及，毛生物酶的开发研究技术会逐步得到完善和发展，酶处理加工毛织物在工业运用中会越来越广泛。现如今，对蛋白酶的研究主要集中在两方面：一方面蛋白酶可以用于毛的防毡缩处理，酶本身可以被生物降解，是有利于环境保护的"绿色"物质，所以，蛋白酶用于羊毛的防缩处理技术是最有可能代替氯化防缩的生态防缩技术；另一方面，蛋白酶可以同时应用于毛的染色预处理，使羊毛细胞膜复合物的结构发生变化，增强染料分子在该区域内的扩散能力，降低染色位能，提高羊毛纤维的染色活性，从而实现羊毛的低温染色。

尽管蛋白酶在羊毛防毡缩加工中的应用研究及相关文献报道很多，但蛋白酶在毛纺工业上实现大规模应用还有很长的路要走。现阶段毛防毡缩处理主要是用氯化—赫克塞特整理法，即先用含氯氧化剂破坏鳞片层，再用树脂整理，在纤维表面形成一层薄膜，将鳞片层包裹起来。这种方法能使羊毛织物达到机可洗标准，织物手感也较好，成本低且产量高，但因羊毛氯化过程产生的可吸收有机卤化物（AOX）毒性很高，造成严重的生态环境污染，很多发达国家的法律已限制使用。

羊毛酶法防毡缩加工存在诸多问题，如蛋白酶处理后存在纤维强力损伤，表面处理效果均一性差，织物亲水性低等特点。现有蛋白酶防毡缩效果不理想与羊毛纤维的结构特点相关，寻求不同种类的生物酶组合应用成为解决这一问题的关键，处理时间、温度、pH、酶液浓度等条件也很难于控制，处理成本较高且很难达到预期效果。

（2）羊驼毛经辉光低温等离子体处理后的强伸性和表面摩擦性能研究。羊驼绒与羊驼毛和羊毛一样，其特有的表面特性使其具有较高的缩绒性。张引，张一心于2008年研究羊驼毛在低温等离子体处理后的表面摩擦性能和强伸性能，为羊驼绒毛新产品的开发提供一定参考。

实验机理：低温等离子体能量通过光辐射、中性分子流和离子流作用于纺织材料表面。这些能量的消散过程就是纺织材料表面获得改性的过程。低温等离子体能发出红外光、可见光和紫外光，但是只有紫外光可被纺织材料强烈吸收，并能使纺织材料表面产生自由基所形成的活性位置，继而与低温等离子体中的气体和液体发生化学反应，从而引起一系列的表面改性。等离子体中的中性粒子自身所具有的自由基离解能引起纺织材料表面各种化学反应，如脱氢、加成、氧化等。等离子体中的离子流与固体表面撞击引起固体表面刻蚀和加热当然也会引起类似于中性粒子在表面发生的各种反应，获得电中性后会进一步导致纺织材料表面自由基的生成。这三种作用共同组成低温等离子体加工纺织材料的作用原理。

（3）其他特种动物纤维的测试研究。特种动物纤维以其独有的特殊性能而受到消费者的青睐，用特种动物毛纤维开发的纺织品也因其轻柔、滑糯、保暖、稀贵而走俏国内外市场，为此，一些生产厂家正在积极觅求新原料。邓丽娟、李纪标等对乌苏里貉绒毛工艺性能及微观结构进行了测试分析；尚亚力、王金全、蔡玉兰等测试了羊驼毛的力学性能，研究了赤狐被毛的髓质和鳞片特征。目前，对安哥拉兔毛的研究已经比较全面，但未见对其压缩性能的研究。孙佩和孙润军及李维红针对4种常见动物毛纤维在密度、卷曲性能、压缩性能、摩擦性能和拉伸力学性能上的差异进行对比分析。

（4）关于表面鳞片的研究。要想研究特种动物纤维的相关性质，首先要了解其显微结构和形态。郭荣幸等人对一些动物毛纤维的微观形态结构进行了研究。研究表明，山羊绒的横向截面为圆形或近似圆形，纵向有鳞片，鳞片薄，鳞片间距大，开张角小，鳞片边缘光滑，鳞片呈环状包覆于条干，光泽好，条干均匀。马海毛纤维的横截面形态为圆形或近似圆形，马海毛纤维的纵截面形态为鳞片扁平紧贴于毛干，呈薄的瓦片状包覆于条干，鳞片边缘线细而清晰，与毛干的倾斜角度小；鳞片表面平而光滑；鳞片间距大，直径较粗，很少重叠，表面光滑，光泽强。兔毛纤维的横截面形态为圆形、近似圆形或不规则四边形，有髓腔；兔毛纤维的纵截面形态为纤维表面无髓腔，鳞片间距小，鳞片与纤维纵向呈倾斜状；鳞片边缘清晰，与毛干的倾斜角度比山羊绒大。驼绒纤维的横截面形态为圆形或近似圆形（有色斑），驼绒纤维的纵截面形态为表面鳞片较少，呈不完全覆盖的线状斜条纹，鳞片边缘线细而清晰，与毛干的倾斜角度小，纤维有色斑。羊驼毛纤维的横截面形态为圆形或近似圆形，有髓腔；羊驼毛纤维的纵截面形态为纤维鳞片比较薄，细密，呈不完全覆盖，鳞片有光泽，边缘光滑，紧贴于毛干，呈不规则包覆于条干。牦牛绒纤维的横截面形态为椭圆形或近似圆形，有色斑，牦牛绒纤维的纵截面形态为牦牛绒鳞片细密，牦牛绒绒毛纤维鳞片呈环状，紧贴毛干色素呈点状，条干不均匀。貂毛纤维的横截面形态为近似圆形，貂毛纤维的纵截面形态为纤维鳞片呈倒三角形状，纤维大多有髓腔，粗细均匀，边缘整齐；纤维纵向鳞片规则排列，有明显翘角，呈对称分布；纤维多有封闭式髓腔，如同算盘珠，均匀叠落，内充满静止的空气；鳞片高度和厚度大于兔毛纤维，密度小于兔毛纤维。

综上所述，一般特种动物毛纤维的横截面都是圆形或者近似圆形，兔毛纤维的横截面还有不规则四边形。由于都是动物毛纤维，所以以上所有的纤维纵向表面均有鳞片层，但有的纤维有髓腔，例如，羊驼毛纤维、兔毛纤维、貂毛纤维和貂毛，而有的纤维则没有，例如，山羊绒、牦牛绒。此外，不同特种动物毛纤维的鳞片的形状、密度、间距、厚度等也存在差异。例如，山羊绒及马海毛纤维的鳞片薄，但他们的鳞片翘角小。

参考文献

［1］魏怀方. 特种动物纺织纤维化学组成研究［J］. 甘肃畜牧兽医，1992（5）：9-12.

［2］宗燕凌. 特种动物纤维纺针织纱工艺研究［J］. 毛纺科技，1995（3）：41-42.

［3］王毅. 特种动物毛绒毯的研制开发［J］. 纺织装饰科技，1998（4）：10-13.

［4］李椿和. 发挥我国特种动物纤维的优势促进毛纺工业进步［J］. 西北纺织工学院学报，1994（1）：75-79.

［5］国家纤维质量监督检验中心. 羊绒与羊绒制品［J］. 中国纤检，2002（4）：46-47.

［6］赵金侠. 特种动物纤维制品及质量［J］. 质量监督与消费，1996（3）：32.

［7］陈寿钟. 纺织纤维发展系列报导之四——我国羊毛和特种动物纤维的回顾与发展前景［J］. 北京纺织，1993（2）：2-5.

［8］彭运存. 国外马海毛生产和我国安哥拉山羊的引种现状［J］. 青海畜牧兽医杂志，1994（6）：35-37.

［9］吴桂茹. 开发利用陕北马海毛资源振兴我区毛纺业的设想［J］. 陕西纺织，2000（3）：29-31.

［10］范尧明. 羊驼纤维及其产品开发［J］. 毛纺科技. 2003（1）：56-57.

［11］滑钧凯，单瑛，刘建中. 一种新型动物纤维——宝丝绒的开发及应用研究［J］. 天津工业大学学报，2002（2）：4-8.

［12］Yuen C W M. Improving Anti-Felting Property of Wool Fiber with Plasma-enhanced Polymer Film Deposition Process［C］，2010.

［13］张茜. 羊毛织物生态防毡缩整理的研究［D］. 天津：天津工业大学，2006.

［14］Li Xun, Cai Zaisheng, College of Chemistry. The anti-felting property of wool treated by the atmospheric pressure plasma technique［C］. 姚穆，姜寿山. Proceedings of 2006 China International Wool Textile Conference & IWTO Wool Forum. 北京：中国纺织出版社，2007.

［15］Li Xia, Gao Weidong & Lu Yuzheng, The Actuality and Prospect of Shrink-proof Finishing of Wool Textiles［C］. Key Lab of Eco-Textiles, Ministry of Education, Southern Yangtze University.

［16］于竹清，王树根，王强等. 角质酶在羊毛防缩中的作用研究［J］. 纺织学报，2012（2）.

［17］张引. 羊驼毛的特性及等离子体和蛋白酶处理对其性能的影响研究［D］. 西安：西安工程大学，2007.

［18］邓丽娟，来侃，孙润军，等. 乌苏里貉绒毛工艺性能测试分析［J］. 毛纺科技，2006（6）：40-42.

［19］王金全，曲丽君. 羊驼毛物理机械性能测试与分析［J］. 毛纺科技，2002（4）：43-45.

［20］孙佩，孙润军. 几种动物毛纤维基本性能对比研究［J］. 西安工程学院科技学报，2007（2）：147-150.

［21］李维红. 郭天芬. 牛春娥. 4种常见动物毛纤维组织学结构研究［J］. 黑龙江畜牧兽医，2013（15）：145-147.

［22］郭荣幸，陆佳英，程珊. 动物毛纤维在不同显微镜下形态结构的研究［J］. 中国纤检，2016（7）：91-95.

第一章　羊驼毛纤维及其性能

一、羊驼毛纤维

羊驼（Alpaca）主要分布在南美高地地区，例如，秘鲁（80%的羊驼孕育地）、玻利维亚、智利、阿根廷等国家。羊驼毛纤维直径为22～30 μm，长度为50～200 mm。韧性是绵羊毛的2倍，强力和保暖性远高于羊毛，用其制成的面料穿着舒适、色彩鲜艳、轻柔保暖，使其成为特种动物毛纺面料中的高端毛原料。

（一）羊驼毛分类

羊驼毛因其奢华手感和光泽著称，堪称毛纤维中的"软黄金"。每只羊驼可年产绒毛3～5 kg，绒毛售价64～256美元/kg。羊驼毛的品种分类繁多，根据其来源和应用程度主要分为两大类：华伽亚（Huacaya）和苏力（Suri）如图1-1所示。

(a) 华伽亚 　　　　　　　　　　　　　　　　　(b) 苏力

图1-1　羊驼毛的分类

Huacaya是羊驼的主要品种，大约90%的羊驼毛都属于Huacaya品种。其体形较大，绒毛卷曲富有弹性。纤维平均细度为15～20 μm，毛长为100～200 mm。有白色、浅黄色、灰色、浅棕色、深褐色和墨色6种颜色。另外，因其加工性优良，所以大量用于高档毛纺针织面料的加工。

Suri是羊驼的次要品种，大约10%的羊驼毛属于Suri品种。相比Huacaya，其体形较小，纤维顺长，边缘更粗糙，柔软泛荧光。常被拿来与cashmere（开司米）比较，平均细度为15～

20 μm，毛长为100~200 mm，更有一小部分达到300 mm。90%的Suri是白色，也有少量的淡黄色和褐色。另外，因其年产量太少，所以无法大规模地加工成高档面料，通常与化纤或其他毛纤维混纺。

（二）羊驼毛的产品开发

羊驼毛纺纱性不好导致其在用于产品设计和工艺生产时通常与具备特殊优良性能的化纤和其他毛类纤维以不同比例混纺成针织物制品，成品不仅大大改善纺纱性能，还能因混纺引进的纤维品种不同而赋予羊驼毛织物其他织物风格。由于羊驼毛比较稀少（占世界特种动物毛纤维的5%），所以在织物设计时，经纱采用高支羊毛混纺纱线，而纬纱采用纯羊驼毛合股线。羊驼毛纤维可用于制备大衣、外套、围巾、毛毯和包包等毛制品。其保暖、耐用、柔软和良好的悬垂风格使其拥有优良的服用性能和高端大气的穿着档次。

（三）羊驼毛的研究现状

国外对羊驼毛的研究已达50多年，美国和澳大利亚对羊驼毛的研究始于20世纪90年代，从羊驼毛的基本结构和品质特性到羊驼毛的改性处理都做了大量研究。2000年，中国开始引进羊驼在山西进行饲养和研究，2010年，中国成为秘鲁羊驼毛最大进口国。

随着市场对羊驼毛的兴趣日益浓厚以及高档精纺面料对高支细支的要求越来越高，人们不再仅仅满足于受毛类缩绒性和可纺性限制的现有羊驼毛的天然品质特性和力学结构特征，于是开始寻求从物理、化学和生物的角度来改善羊驼毛的性能的方法，使其更好地满足市场和工艺的需求。国内外关于羊驼毛的研究大致可以分为四个阶段。

第一个阶段：1980~2003年，对羊驼毛的基本了解，包括羊驼毛的品质特性和物理性能的研究。这个阶段主要是了解羊驼毛的基础性能。

第二个阶段：2004~2008年，基于对羊驼毛基本性能的大量了解后开始对羊驼毛做进一步研究，包括超微结构观察鳞片层结构和羊驼毛髓质层，以及大量纤维性能研究并开始设计羊驼毛产品。

第三个阶段：2009~2013年，因其作为特种动物毛纤维所具备的缩绒性和可纺性问题而展开对羊驼毛防缩改性研究。包括物理改性（拉伸细化羊驼毛、等离子体处理、紫外线辐射、机械热压法）、化学改性（防缩整理和丝光整理）和生物改性（生物蛋白酶的使用）。

第四个阶段：为了能够最大限度满足纺织工艺和市场需求，对羊驼毛进行改性新型技术的探索研究，尤其是新型绿色环保生物酶的开发和使用，以及近些年对羊驼毛纤维进行大量基因研究和高新技术（如超声波改性羊驼毛表面结构）的尝试。

二、羊驼毛纤维性能

目前，对于羊驼毛的基本物理性能已经有了大量的研究，这为后续羊驼毛产品的开发奠定了基础。羊驼毛可以分为三个部分：包覆在毛干外部的鳞片层；组成羊毛实体主要部分的皮质层；在毛干中心由不透明毛髓组成的髓质层。羊驼毛纤维与绵羊毛纤维类似，基本组成物质都为蛋白质。

（一）羊驼毛的形态特征

羊驼毛的形态特征观察主要包括羊驼毛纤维的纵向鳞片结构和横向髓腔结构两方面。毛纤维独特的鳞片结构赋予其特定的毡缩性能、摩擦性能，同时髓腔也与纤维保暖性的好坏有很大的关系。所以，研究羊驼毛的形态特征是十分必要的。

1. 扫描电镜观察纤维鳞片特征

将羊驼毛样放入0.5%的洗涤剂中，用超声波清洗3 min，以除去毛发表面的污染物，用蒸馏水冲洗多次至无泡沫。在100%乙醇中浸泡5 min，真空干燥、喷金，用JSM-35CF扫描电镜进行观察羊驼毛纵向鳞片结构，观察结果如图1-2所示。

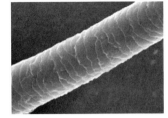

图1-2　羊驼毛纵向鳞片结构

电镜下羊驼毛的毛干呈圆柱状，毛干表面被覆一层鳞片状毛小皮细胞，呈环形盘绕并紧贴毛干。毛小皮细胞间的界限清楚，排列有序，有的呈横向走向，有的呈斜向走向，彼此扣合紧密，毛小皮细胞间的间距较均匀，边缘大致互相平行，游离缘与毛干长轴基本垂直，微凸微凹呈小锯齿状，轮廓清楚，并以小而尖锐形为主。羊驼毛翘角平均值为34.6 μm，鳞片平均高度为5.85 μm，平均厚度为0.33 μm。

2. 光学显微镜观察纤维截面和髓质层特征

用哈氏切片法做出的切片在光学显微镜下观察其形态。将绒毛先用手排法排列，这样可将绒毛拉直，排列一致，将排好的绒毛从短边卷起放在一块玻璃板上，刷上火棉胶。待火棉胶干后，将哈氏切片器的紧固螺丝松开，拔出定位销子，将螺座旋转到金属板凹槽呈垂直状，抽出金属板凸舌。将试样的中部紧紧夹入哈氏切片器，用锋利的切片先切去露在外面的纤维，然后装好上面的弹簧装置，并旋紧螺丝，稍微转动刻度螺丝，使纤维少许露出，用毛笔涂上火棉胶，等1 min待火棉胶凝固之后，用刀片切下放于载玻片上，滴上1滴甘油，盖上盖玻片即可观察，观察结果如图1-3所示。

(a) 较粗羊驼毛横截面

(b) 较细羊驼毛横截面

纤维横截面形状与纤维的纺纱性能直接相关，纤维的横截面越接近圆形，其纺纱性能越好。显微镜下观察可以看出，细羊驼毛的横截面为近圆形，髓腔较小或没有；较粗的羊驼毛纤维横截面呈椭圆形，髓腔较大。羊驼毛纤维较粗，有连续型［图1-3（c）］或断续型［图1-3（d）］髓质层，属于有髓毛。

由于羊驼毛纤维的鳞片排列疏松，呈直绕或斜绕并紧贴于毛干，锯齿缘呈光滑状或有微小的锯齿缘，决定了羊驼毛光泽明亮、手感光滑的优良特性；而且羊驼毛90%以上是细毛，在纺织工业中作绒使用，这也体现在其纤维的横向切片中。所以，羊驼毛独特的显微结构体现了其优秀的物理特性和很高的经济价值。

(c) 连续型髓质层

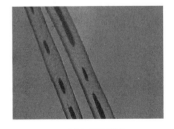

(d) 断续型髓质层

图1-3　羊驼毛纤维横向截面和纵向髓质显微结构

（二）羊驼毛纤维力学性能测试与分析

纺织纤维的力学性质是纤维品质检验的重要内容，它与纺织品的服用性能密切相关。

1. 羊驼毛平均单纤维强力

参照GB/T 13835.5—2009《兔毛纤维断裂强度和伸长率试验方法》对羊驼毛单纤维强力进行测定。样品按照常规洗涤工艺洗涤后烘干，细度、单纤维强力在恒温（20℃±2℃）、恒湿（65%±4%）条件下测定。

共测试了267只羊驼侧部毛样的单纤维强力，平均纤维强力为8.31 cN，羊驼侧部单纤维强力主体范围在5.01～11.00 cN，占样本总量的88%；平均纤维强力在5.00 cN以下的占4%；在11.00 cN以上的占8%，分布范围较为集中，说明羊驼毛单纤维强力高，工艺性能优良，能够满足纺织加工要求，见表1-1。

表1-1　羊驼侧部毛样单纤维强力分布

单纤维强力（cN）	数量	百分比（%）
4.01～5.00	12	4
5.01～6.00	21	8
6.01～7.00	35	13
7.01～8.00	55	21
8.01～9.00	69	26
9.01～10.00	34	13
10.01～11.00	20	7
11.01～12.00	7	3
12.01～13.00	3	1
13.01～14.00	4	1
14.01～15.00	3	1
15.01～16.00	2	1
>16.00	2	1

通过测试不同部位的羊驼毛的单纤维强力发现：成年公羊驼、成年母羊驼、周岁公羊驼、周岁母羊驼的颈部、肩部、股部、侧部、背部5个部位与腹部之间单纤维强力差异均显著（$P<0.05$），但这5个部位之间单纤维强力差异均不显著（$P>0.05$）。除此之外，不同组别（年龄、性别）的羊驼的6个不同部位的单纤维强力均表现为背部最小，腹部最大，见表1-2。

2. 羊驼毛纤维的拉伸力学性能研究

强度是评定羊驼毛纤维机械性能的重要指标之一，它与羊驼毛的生产工艺有着密切的联系，直接影响纺织成品的结实性和耐用性，最终影响纺织产品的质量。

表征羊驼毛纤维及其纺织品拉伸力学性能的指标主要有断裂强力、断裂比强度、断裂伸长率、拉伸弹性模量、拉伸断裂功。

表1-2 不同部位羊驼毛单纤维强力 单位：cN

组别	颈部	肩部	股部	腹部	侧部	背部
成年公羊驼	10.42 ± 2.36^a	9.73 ± 2.35^a	8.92 ± 1.37^a	15.94 ± 4.69^b	9.20 ± 1.98^a	8.10 ± 1.66^a
成年母羊驼	8.57 ± 1.49^a	7.89 ± 1.10^a	7.49 ± 0.76^a	12.32 ± 3.27^b	7.73 ± 0.90^a	7.10 ± 0.92^a
周岁公羊驼	5.71 ± 1.05^a	5.90 ± 1.00^a	5.58 ± 0.70^a	13.37 ± 4.84^b	5.67 ± 1.08^a	5.22 ± 0.65^a
周岁母羊驼	5.26 ± 0.54^a	5.33 ± 0.50^a	5.27 ± 0.53^a	6.11 ± 1.21^b	5.29 ± 0.65^a	5.12 ± 0.67^a

对羊驼毛纤维的拉伸力学性能进行了研究，实验分别测试常温干态和常温湿态两种状态下羊驼毛纤维的一次拉伸断裂性能。采用南通宏大实验仪器有限公司的YG 001N单纤维强力仪，试样夹持长度为30 mm，拉伸速度为30 mm/min，样本容量为300（考虑到纤维变异系数较大，在选择试样时，先进行预挑选，把太粗或太细的剔除）。湿态测定时，将纤维浸入20℃的蒸馏水中完全润湿，取出后立即测量。取样时，一个测试系列的样品来自同一纤维集合体。

测试结果表明，在干态与湿态下羊驼毛纤维的断裂强力、初始模量、断裂功均高于羊毛；湿态下，纤维的断裂强力是干态时的98.40%，断裂强度为干态时的98.18%，断裂功是干态断裂功的95.28%，损失程度都比较小，而断裂伸长率比干态时增加了约9.56%，湿态时初始模量比干态时下降了15%~23%。

羊驼毛纤维干态和湿态一次拉伸曲线如图1-4所示。

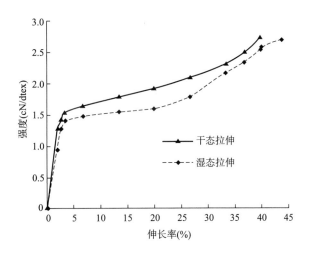

图1-4 羊驼毛纤维干态和湿态一次拉伸曲线

从纤维一次拉伸曲线上可计算出拉伸指标，见表1-3。

表1-3 拉伸指标性能变化

项目	断裂强度（cN/dtex）	断裂伸长率（%）	初始模量（cN/dtex）	断裂功（μJ）
干态	2.75	39.85	10.0~19.5	180.8132
湿态	2.70	43.66	8.5~15.0	172.2875

3. 羊驼毛纤维的拉伸弹性

纤维弹性是纺织纤维的一项重要力学性质。纤维回弹性的测量方法很多，一般分为一次循环弹性实验（定伸长弹性与定负荷弹性）和多次循环弹性实验。

设定伸长值测得的弹性称为定伸长弹性。采用YG 001N型电子纤维强力仪，以一次循环弹性实验方法测羊驼毛纤维定伸长弹性，试样夹持长度为30 mm，样本容量为100，定伸长值选择分别为试样夹持长度的5%、10%、15%、20%、25%和30%，负荷作用时间分别为0、30 s、60 s。不同作用时间的羊驼毛拉伸弹性回复率与伸长率之间的关系如图1-5所示。

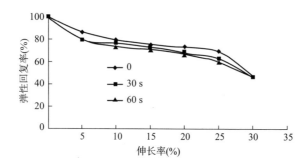

图1-5 不同作用时间的羊驼毛拉伸弹性回复率与伸长率间的关系

表征弹性的指标为弹性回复率，计算公式如下：

$$弹性回复率（\%）= \frac{纤维变形可回复部分}{纤维总变形} \times 100$$

由图1-5看出，在相同作用时间下，随伸长率不断增大，弹性回复率逐渐减小；在相同伸长率下，随作用时间增加，弹性回复率减小，拉伸弹性回复率较小，剩余变形较大。即在其他条件相同时，当伸长率越大时，羊驼毛弹性回复率越小；定伸长作用时间越长，羊驼毛的塑性变形越大，弹性回复率越小。

图1-6是羊驼毛和羊毛弹性回复率与伸长率的关系，由图1-6可知，与羊毛相比，伸长率在10%～25%时，羊驼毛纤维的弹性回复率较好。

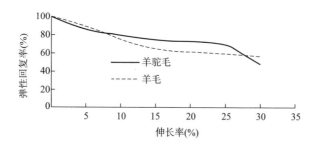

图1-6 羊驼毛和羊毛弹性回复率与伸长率的关系

（三）羊驼毛纤维毡缩性能研究

关于毛纤维防缩性处理已经有了大量的研究，因为毛纤维的缩绒性直接关系产品的服用性和可洗性，所以，在过去的几十年里，有大量关于毛类纤维（尤其是羊毛）防缩性的方法产生。由于防缩处理涉及对化学药品的选用，且依赖对生物蛋白酶的选用，因此，毛纤维的防缩处理一直是业内研究热点，关于如何搭配使用和选用生物蛋白酶，如何选取高效可行的防缩方法，始终是研究人员慎重考虑和深究的热点课题。目前关于羊驼毛防缩加工的研究，发达国家主要集中在：改性生物蛋白酶的制备和应用，生物蛋白酶的选配，防缩技术间的结合，以及开发新型高新技术进行防缩加工羊驼毛。

1. 羊驼毛纤维的毡缩原理

鳞片外层含有较多的二硫键，羧基含量少，结构较为稳定。而鳞片内层恰好相反，二硫键含量很低，羧基含量较多，故化学稳定性差。鳞片层由于外层和内层的化学性能、组织结构都存在着较大差异，所以具有一种双金属性质，当遇到水、酸、碱等溶液后，其内外膨润程度差别较大，这就导致了羊毛纤维表皮鳞片的翘立，当羊毛纤维在洗涤时，翘立程度更大，在洗衣机等强力机械搅拌下，毛纤维更易产生移动，而导致不可逆的毡缩。

目前，毛纺产业化应用中最为广泛的防缩方法就是氯化防缩法，它是指通过氯及氯的衍生物（DCCA二氯异氰脲酸盐）在酸性条件下利用其强氧化性直接高效去除毛纤维表面鳞片层的方法，能使羊毛织物达到机可洗标准，织物手感也较好，成本低且产量高。但是，氯化过程产生的可吸附有机卤化物（AOX，毒性很高）排入污水和残留在毛制品上，对环境及人体造成严重危害，很多发达国家的法律已对此限制使用。因此，环保、高效、经济的可行性防缩整理工艺和技术备受关注。

传统防毡缩：降解处理（减法处理）、聚合物沉积处理（加法处理或树脂处理）。

新型防缩技术有蛋白酶法、低温等离子体法、超声波法、光化学法及臭氧法。

2. 羊驼毛纤维的防毡缩工艺

（1）紫外线在防缩中的应用。紫外线是太阳光谱中波长最短的一种，根据波长的不同可分为短波（UVC）、中波（UVB）和长波（UVA）。在波长为250～320 nm的紫外线长时间照射下，纤维有机物中的诸多官能团（如碳氢键、碳碳键、碳氯键）的官能键断开，导致毛纤维中的很多氨基酸会发生一定程度的降解。因此，可以将紫外线用于羊驼毛防缩前处理，以增加毛纤维鳞片层的破坏和促使蛋白酶更加容易扩散入毛纤维鳞片内层对鳞片进行降解。

（2）蛋白酶在防缩中的应用。蛋白酶是肽链水解的高效催化剂。当羊驼毛处于一定浴比的蛋白酶溶液中，在一定的温度和pH条件下，蛋白酶从羊驼毛鳞片层亲水部分进入纤维内部，促进羊驼毛中的酰胺键水解，此水解是一多相催化作用。酶分子在水浴扩散中先吸附在羊驼毛表面，与羊驼毛表面鳞片外层发生催化反应，随着降解时间的延长和降解程度的加大，酶分子逐渐扩散进纤维鳞片层内部，到达毛干并在CMC无定形区内逐步发生生物催化反应，最终造成表面鳞片层破坏或脱落。鳞片层破损或剥除大大降低纤维摩擦效应，改善毛织物的毡缩性和起毛球性。

具体步骤：酶分子在溶液中向羊驼毛表面扩散→酶吸附在羊驼毛表面→酶从纤维表面结构的疏松部位（无定形区/细胞间质）向纤维内部扩散→酶催化水解→反应产物从纤维内部向外扩散→产物向溶液中扩散。

经蛋白酶防缩处理的毛织物，不仅可以大大提升面料的缩绒性，使织物风格明显提升，同时由于其自身能够降解，对环境没有污染，符合生态要求，属于新型绿色技术。但是，酶法防毡缩工艺实际运用中存在很多问题，如纤维强力损伤、工艺操作复杂、织物亲水性低等。因此，开发新型、高效且工艺简单的蛋白酶、改性蛋白酶、蛋白酶和氧化剂的联合处理工艺成为目前研究的重点。

3. **防毡缩处理羊驼毛纤维的表征及测试**

（1）紫外光/蛋白酶对羊驼毛表面鳞片层结构的影响。羊驼毛纤维表面鳞片层结构直接影响羊驼毛的缩绒性和染色性。采用扫描电镜（SEM）分别拍摄经紫外线处理和经紫外线/蛋白酶联合处理后的羊驼毛纤维在放大1000倍时的纤维（100 μm）表面鳞片层结构，分别如图1-7和图1-8所示。

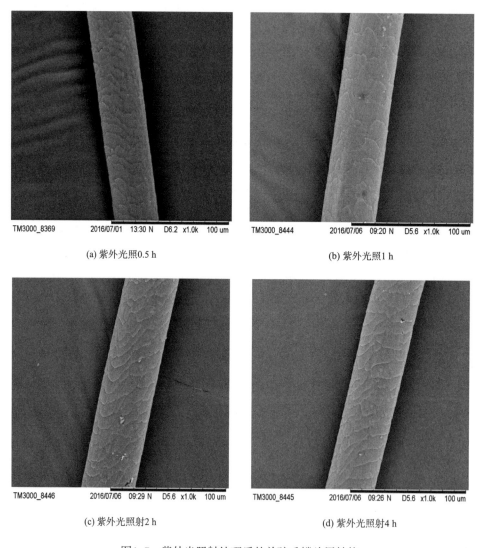

(a) 紫外光照0.5 h

(b) 紫外光照1 h

(c) 紫外光照射2 h

(d) 紫外光照射4 h

图1-7　紫外光照射处理后的羊驼毛鳞片层结构

由图1-7可看出，羊驼毛纤维经紫外光照射0.5 h，1 h，2 h后，扫描电镜下未能观察到纤维鳞片层的破坏，当紫外光照射时间延长到4 h后，纤维鳞片层只出现局部损伤和部分鳞片的

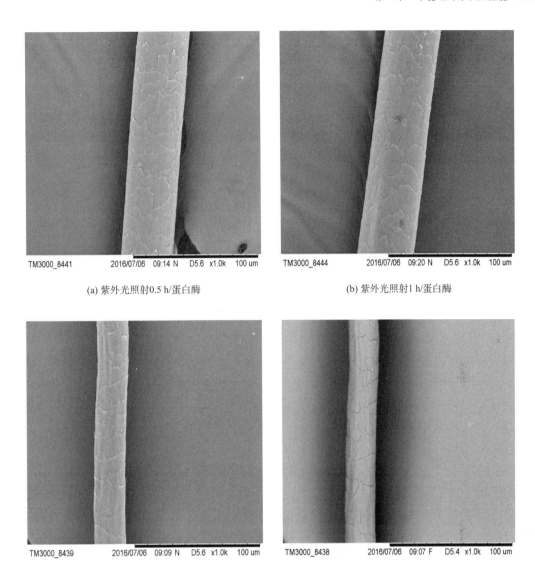

(a) 紫外光照射0.5 h/蛋白酶

(b) 紫外光照射1 h/蛋白酶

(c) 紫外光照射2 h/蛋白酶

(d) 紫外光照射4 h/蛋白酶

图1-8 紫外光/蛋白酶联合处理

凹槽，但是破坏程度不明显。说明单纯地使用紫外光照射对羊驼毛表面进行处理，并不能对纤维鳞片层结构造成明显破坏。

由图1-8可以看出：经过紫外光照射/蛋白酶处理后的纤维鳞片层较之前未经蛋白酶处理的紫外光照射过的纤维开始出现鳞片破损。纤维鳞片聚集度下降，鳞片纹路的不连续性上升，伴有局部鳞片的破损。并随着紫外光照射时间的延长，鳞片层破坏状况加强。尤其是当羊驼毛经紫外光照射2 h和4 h，纤维鳞片层结构破坏明显，纤维局部鳞片消失，使纤维变得光滑平整。说明长时间的紫外光照射作用导致鳞片层结构不再紧密，鳞片层组织发生了降解和钝化，蛋白酶因此可以在纤维表面充分地发挥降解作用，导致一部分鳞片被蛋白酶消化和破坏。

（2）紫外光/蛋白酶对羊驼毛白度的影响。羊驼毛纤维属于天然蛋白质纤维，在日光照射下会发生泛黄和纤维脆损现象。波长为254 nm的紫外光照射会造成纤维内部的氨基酸分解，进而导致能肉眼观察到的纤维泛黄。具体测试结果见表1-4。

表1-4 紫外光不同照射时间对羊驼毛纤维白度影响

样品	原样	0.5 h	1 h	2 h	4 h
白度	65.23	60.22	50.56	45.27	35.73
泛黄程度	米白	淡黄	淡黄	泛黄	深黄

由表1-4可以看出：随着紫外光照射时间的加长，羊驼毛纤维的泛黄程度越来越大。当照射时间达到2 h和4 h后，纤维几乎全部变黄，纤维甚至伴有一定的异味。而在经过蛋白酶处理后，羊驼毛纤维重新变回纯白，甚至比处理之前的白度更高。

蛋白酶处理能够提高羊驼毛白度的主要原因是蛋白酶本身与羊驼毛中的色素或与这些色素分子相结合的蛋白质发生了作用，因而蛋白酶对羊驼毛泛黄纤维产生一定消色和漂白作用。

（3）紫外光/蛋白酶对羊驼毛纤维断裂强力的影响。羊驼毛纤维具有良好的强力和弹性。经过紫外线照射处理一段时间后，纤维发生降解，脆损和严重泛黄，强力有所下降。而经蛋白酶防缩处理后，纤维鳞片层剥离明显，强力会再次下降，并且下降程度相比经紫外线处理的更大。具体强力测试结果如图1-9所示。

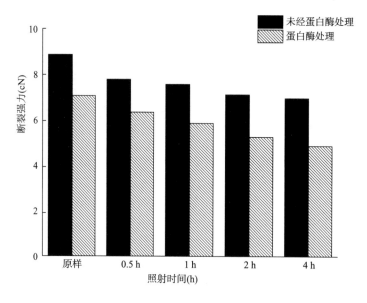

图1-9 紫外光/蛋白酶处理后的羊驼毛纤维强力

由图1-9可以看出：单独经过紫外光照射时，羊驼毛纤维断裂强力会有所下降，但不明显；而使用蛋白酶处理纤维后，纤维断裂强力会大大降低。也验证了蛋白酶对羊驼毛纤维角蛋白酶的水解作用，降低了鳞片层在纤维表面的覆盖程度，削弱了纤维强力。说明紫外光/蛋白酶处理会损伤纤维造成纤维强力下降，并且强力下降效果会随紫外光照射时间延长而更加严重。

（4）紫外光/蛋白酶对羊驼毛纤维摩擦因数的影响。毛纤维表面的鳞片结构使其具有独特的摩擦效应，能够直接影响纤维的生产加工和服用性能。紫外光和蛋白酶对羊驼毛鳞片层破坏程度，可以通过摩擦因数来研究。羊驼毛纤维处理前后摩擦因数如图1-10所示。

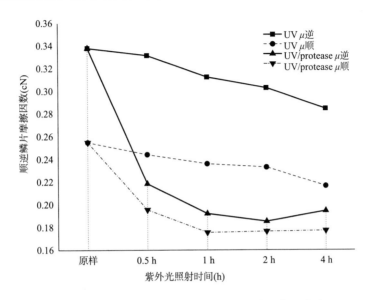

图1-10　紫外光/蛋白酶对羊驼毛纤维摩擦因数的影响

UV表示紫外光照射，UV/protease表示紫外光/蛋白酶联合处理

由图1-10可以看出：当单独使用紫外光照射羊驼毛纤维时，纤维顺逆鳞片摩擦因数变化不大，摩擦效应也始终在13.6%～15.5%，而随着照射时间的延长，纤维摩擦因数整体呈现略微下降趋势。当采用紫外光/蛋白酶处理后，纤维顺逆鳞片的静摩擦因数和动摩擦因数下降明显并且开始很接近，摩擦效应明显降低，从原样的15.7%下降到6%～3.5%。这是因为纤维鳞片层的严重破坏造成顺逆鳞片摩擦因数接近，并且随着紫外光照射时间加长，摩擦效应会降低。说明紫外光对于蛋白酶破坏鳞片层有促进作用，鳞片层在紫外光照射后组织的破坏导致鳞片层钝化有利于蛋白酶深入鳞片内层降解鳞片层蛋白质。

（5）紫外光/蛋白酶对羊驼毛织物毡缩率的影响。羊驼毛自身长度比其他天然蛋白质毛类纤维长度要长很多，并且具有独特的鳞片结构，其缩绒性可使织物外观优美，手感丰厚、柔软，保暖性良好，但同时会引起穿着过程中织物容易尺寸收缩、变形、毡合、起毛球等现象，严重影响羊驼毛织物作为精纺高档毛面料的服用性能。因此，对于其具有的缩绒性，是整理工艺必须考虑的，其中织物毡缩率也成为检测毛织物的一个重要参考。处理前后毡缩率测试结果见表1-5。

表1-5　紫外光/蛋白酶对羊驼毛织物的毡缩率影响

处理条件（%）	原样	UV 4 h	蛋白酶	UV 4 h/蛋白酶
机织物面积毡缩率	14.5	13.8	10.2	9.5
针织物面积毡缩率	32.5	31.8	11.5	10.8

由表1-6可知：无论是机织物还是针织物，单独经过紫外光照射后，织物面积毡缩率基本上没变化，说明单独的紫外光照射对织物毡缩率没有明显变化。而使用蛋白酶后，机织物毡缩率下降到9%～11%，针织物毡缩率下降到10%～12%。并且随着紫外光照射时间的最大化，织物的面积毡缩率下降到最低值，这是由于鳞片破损后，纤维之间交叉缠绕现象下降，纤维毡缩性减小。说明蛋白酶使羊驼毛织物的毡缩率明显下降，而紫外光的照射同样会起到辅助蛋白酶对羊驼毛织物的防毡缩性的加强。

（四）羊驼毛染色性能

毛纤维由于鳞片层的存在使得纤维表面在特定的工艺环境中依然能保持优良的化学稳定性。羊驼毛鳞片外层存在一层疏水性和稳定性都很强的连续性脂层薄膜，在特定的pH、温度、化学试剂浓度下依然能维持着很高的惰性，从而保证鳞片内层和毛干在羧甲基纤维（CMC）溶液中不受损伤。羊驼毛鳞片层的这种特殊结构使其在染整加工过程中对各类助剂保持着较低的亲和力，给后整理（如毛织物的柔软整理、阻燃整理、抗静电处理、净洗）带来诸多不便。然而，羊驼毛作为天然蛋白质纤维，自身结构组成几乎全部是蛋白质，所以其拥有含量极高且容易与工艺分子（如酶分子、染料、树脂等）相结合并发生化学反应的氨基酸分子。这就意味着，羊驼毛是外表疏水性极强而内在亲水性极佳的毛纺原料。因此，在实际工艺和改性整理中，往往会选择各种剥除鳞片层的方法，使工艺试剂能够在溶液中成功扩散并吸附在毛干和CMC中，对毛纤维进行一定程度的性能提升。

1. 羊驼毛纤维的染色原理

羊驼毛染色时，鳞片层的致密结构会造成染料大分子向纤维内部扩散的阻力。羊驼毛纤维CMC中的胞间黏合物为非角朊蛋白质，特别容易受到化学试剂的作用，因此，羊驼毛在染色时候，染料总是先到达CMC，经过鳞片内层后再对外层染色。目前认为，对未经处理的毛类纤维染色时，染料将沿着鳞片CMC和皮质CMC向内扩散，然后染料分别从各自所处的CMC位置向毛纤维细胞（鳞片、皮质）扩散，以达到染色的目的。由此可见，未经任何处理的毛纤维，其染色途径较长，鳞片层对于染料的吸附阻力也很大。

羊驼毛经过蛋白酶处理，特别是经过氯化/氧化+蛋白酶联合处理后，防毡缩性能会得到很大程度的改善。为了进一步研究羊驼毛鳞片层对羊驼毛染色性能的影响，本文采用紫外光/H_2O_2+蛋白酶、DCCA、DCCA/H_2O_2+蛋白酶对羊驼毛进行不同程度的剥除鳞片层处理，然后测试处理前后羊驼毛的SEM、纤维强力、K/S值、上染率，通过对比处理前后羊驼毛染色性能的变化，以研究鳞片层对于染色性能的影响。

蛋白酶剥除鳞片层是新型环保技术，但由于其防毡缩处理效果一般，且成本较高，一般情况下，工业广泛应用的去除毛纤维鳞片层的方法还是DCCA氯化剂，因其去除鳞片层高效，且成本较低。但是，氯化改性不可避免地会对毛纤维产生伤害，导致纤维强力下降、色牢度降低、织物泛黄等。可以在尽量降低羊驼毛纤维损伤的情况下，使用少量DCCA仅仅剥除鳞片外层，然后使用大剂量蛋白酶渗透进入鳞片内层、毛干以及CMC无定形区域对羊驼毛进行表面改性，尽量做到环保、低损伤、高效型防缩工艺。

2. 羊驼毛纤维的染色工艺

（1）染料的选择。活性染料具有分子结构简单、颜色鲜艳、色谱多样齐全、成本较低、水溶性好、扩散性和匀染性优良、皂洗牢度和摩擦耐洗牢度较高等优点。兰纳素活性染料中含有的α-溴代丙烯酰胺基团能与毛纤维中的氨基、羟基发生化学反应形成共价键结合，从而使染料和纤维牢固结合。

（2）低温染色工艺。传统毛用活性染料常规染色都是在沸腾或接近沸腾的染浴中进行，这种染色方法会极大地损伤毛纤维，造成制品织物强力下降、手感粗糙、短纤维增多。而羊驼毛低温染色工艺（通常在80～85℃进行）是降低毛纤维损伤的一条有效途径，并且具有节能减排的优点。

活性染料低温染色工艺：红色兰纳素染料3%（o.w.f）、低温染色助剂LTA为1%（o.w.f）、元明粉10 g/L、醋酸0.6%、匀染剂2%（o.w.f）、上染pH为5～6、无水碳酸钠10 g/L、固色pH为8～8.5、浴比为1∶30。具体工艺曲线如图1-11所示。

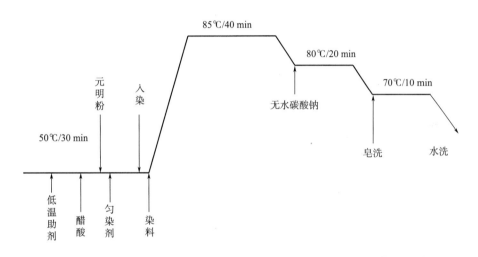

图1-11　羊驼毛染色工艺流程图

①紫外光/蛋白酶处理。

工艺流程：紫外光照射→H_2O_2氧化预处理→蛋白酶剥除鳞片→烘干

②DCCA处理。

工艺流程：冷水浸渍→DCCA氯化处理→40 ℃温水洗涤冲洗→脱氯→水洗→调节pH→净洗、烘干、待用

③DCCA/蛋白酶处理。

工艺流程：冷水浸渍→DCCA处理→蛋白酶后处理→净洗、烘干、待用

DCCA/蛋白酶联合处理剥除鳞片实际实验工艺流程如图1-12所示。

3. 染色羊驼毛的性能表征及测试

（1）不同处理方式对羊驼毛表面鳞片层结构的影响。采用扫描电镜观察分别经紫外光/蛋白酶、DCCA、DCCA/蛋白酶处理后羊驼毛在放大2000倍时的纤维（30 μm）表面鳞片层结构（图1-13）。

从拍摄的鳞片层图片可以看出：

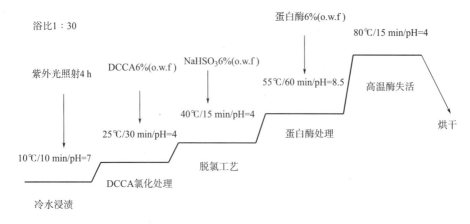

图1-12 羊驼毛DCCA/蛋白酶联合处理实验工艺流程图

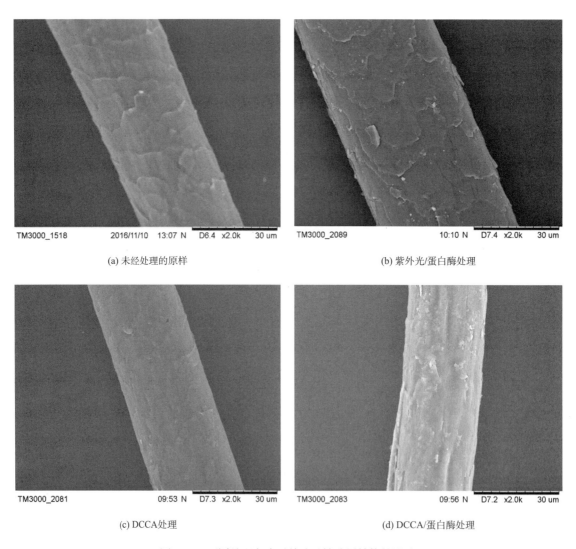

(a) 未经处理的原样

(b) 紫外光/蛋白酶处理

(c) DCCA处理

(d) DCCA/蛋白酶处理

图1-13 不同处理方式对羊驼毛鳞片层结构的影响

①未经任何处理的羊驼毛：表面鳞片完整，边缘清晰可见，翘角大，排列紧密，并且有很多齿尖状的小鳞片紧紧依附于锯齿状的鳞片层附近。

②经紫外光/蛋白酶处理后：纤维鳞片聚集度下降，鳞片纹路的不连续性上升，伴有局部鳞片的破损。局部鳞片层开始张开，但鳞片层未完全剥离。

③经DCCA处理后：纤维鳞片层发生严重降解和钝化。鳞片层结构破坏明显，表面鳞片纹路模糊不清，鳞片结构不再紧密，纤维变得光滑平整。

④经DCCA/蛋白酶处理后：纤维鳞片层完全被剥离，表面光滑但并不平整，纤维变细且严重受损，毛干很多处出现局部凹陷甚至结构缺失。

（2）不同处理方式对羊驼毛纤维断裂强力的影响。羊驼毛纤维具有良好的强力和弹性。经过紫外线照射处理一段时间后，纤维发生降解、脆损和严重泛黄，强力有所下降。再经蛋白酶防缩处理后，纤维鳞片层剥离明显，强力会再次下降。而DCCA氧化处理会直接剥离鳞片层，并且对毛干也有损伤，因此，断裂强力会下降很多。具体强力测试结果如图1-14所示。

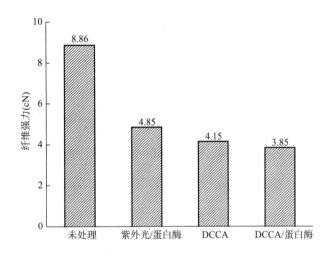

图1-14　不同处理方式后羊驼毛纤维强力

由图1-14可以看出：随着鳞片层的剥离程度增大，纤维强力逐渐下降。与未经处理的羊驼毛纤维强力相比，紫外光/蛋白酶、DCCA、DCCA/蛋白酶处理后纤维强度保持率从100%降到54.7%、46.8%、43.5%。说明鳞片层的完整程度直接关系纤维强力的大小，经蛋白酶处理过后纤维有损伤，但是较工业化DCCA处理对于纤维强力的损伤还算柔和。

（3）不同处理方式对羊驼毛染色效果的影响。

①鳞片层的破坏程度对羊驼毛K/S值的影响。K/S值是纤维上染量（吸收系数）/总染料量（散射系数），K/S值越大即有色物质浓度越高，固体表面颜色越深。将纤维染色时间设置为不同时间段后，不同染色样品所测得的K/S值处理如图1-15所示。

由图1-15可以看出：随着鳞片层的破坏程度增加，羊驼毛纤维的染色K/S值先是不断增加，然后略微减小。这可能由于鳞片层的完整度直接影响纤维对染料的吸附，当鳞片层使用DCCA处理时，大部分鳞片层已经从纤维表面脱落，因此，染料分子能够没有太多阻力地轻

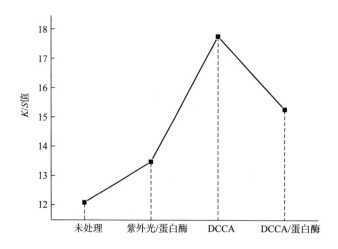

图1-15 不同处理方式下羊驼毛纤维K/S值

易进入鳞片内层并与鳞片CMC或皮质CMC中的胞间黏合物反应，达到染色目的。当处理强度过大，鳞片外层剥离彻底，而鳞片外层中胱氨酸占总纤维含量的33%，占整个鳞片层胱氨酸的91%，因此，氯化作用大大降低了羊驼毛纤维中胱氨酸含量，从而减少氨基酸含量，导致最终纤维对染料分子的吸附下降。

②不同处理方式对羊驼毛上染率的影响。纤维染色K/S值测的是纤维染色后的色深，描述的是最终纤维对于染料分子的饱和吸附程度。而上染率则指的是不同上染时间下，纤维吸附染料分子的快慢，在工厂染色工艺流程中通过控制上染时间来达到最大化的染色效果，因此，上染率是评价纤维材料染色性能好坏的重要指标。不同处理后羊驼毛纤维染色样品结果如图1-16所示。

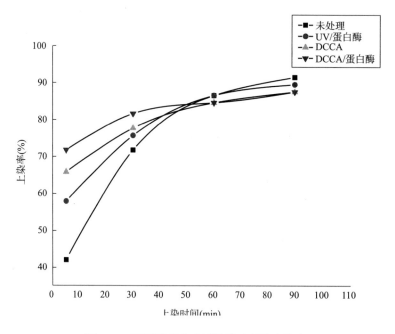

图1-16 不同处理方式下羊驼毛纤维上染率

可以看出：经处理后的羊驼毛纤维的初始上染率比未经处理的要高很多，这是因为鳞片层的破损使得纤维在高温作用下能够快速吸附染料分子并扩散进纤维鳞片内层。而当上染时间达到60 min时，纤维上染率曲线开始变得缓慢，甚至比未经处理的羊驼毛纤维上染率曲线更趋于平缓，这可能是由于经过蛋白酶或者DCCA氯化处理后，纤维的亲水性增加，水分与纤维的作用增强，因此，减弱了染料与纤维之间的范德华力，导致纤维上染率变慢。当上染时间达到90 min或更长时，最终上染率会随着鳞片层的剥离而降低，这是由于鳞片层的破坏，导致了纤维氨基酸的集聚减少，造成染料分子的最终吸收变少。

（4）羊驼毛纤维染色后的红外光谱分析。为了探讨羊驼毛纤维染色后纤维结构的变化，应用傅里叶红外变化光谱对纤维处理前后红外光谱进行研究。所得结果如图1-17所示。

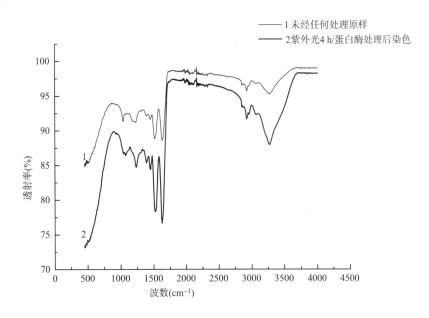

图1-17　羊驼毛纤维染色后红外光谱分析

从傅立叶变换红外光谱图中可以看出：未经任何处理的原样纤维和经紫外光/蛋白酶处理后染色的羊驼毛纤维的红外图谱差异不大。红外光谱图只在1542 cm^{-1}处明显出现了一个尖锐的吸收峰，它是半胱胺磺酸盐（SO_3^{-}）的特征吸收峰，是S—O伸缩振动引起的，这个新的吸收峰的出现表明纤维中胱氨酸二硫键发生断裂，说明染色使纤维角蛋白中的二硫键发生断裂，形成了新的产物。

（五）羊驼毛抗静电性能

在干燥、寒冷的环境下，作为御寒保暖、光泽柔和、耐磨耐褶皱、色彩鲜艳的羊驼毛服饰品会成为设计者和消费人群穿着的首选。但是，低温、干燥环境往往会引起毛制品因纤维间摩擦导致静电现象的频繁发生。静电现象不仅影响羊驼毛的穿着性能，还会对毛织物在特殊环境下的使用带来限制，比如航空航天、石化、医疗、水利电力工程等对防静电要求较高的区域。甚至因静电沾污造成的人体不适和细菌病毒的滋生也会严重降低其服用价值，因此，无论是从满足消费者人群的需求出发，还是从特定行业要求来看，在制成具有独特风格的高档毛纺面料前提下，对羊驼毛的抗静电整理研究也是有现实意义的。

1. 羊驼毛的抗静电原理

目前，纺织品的抗静电处理的基本原理都是减少静电的产生、加快静电的泄露、中和静电。在不破坏毛面料的组成和服用性能前提下，抗静电剂的应用可以用来大大改善羊驼毛纤维表面的亲水性，降低鳞片层的摩擦效应，且抗静电剂自身导电性良好、操作简单、成本低、抗静电效果显著，所以在实际应用中很广泛。抗静电剂多涂覆在纤维材料表层，因此，属于短暂性的对纤维或织物进行抗静电处理，这样有助于纤维的前期加工、运输和服用的基本要求。抗静电剂品种很多，因此，开发适合毛类纤维静电效果明显、环保、静电耐久、成本低、工艺简单且具备柔软抗菌等效果的新型抗静电剂一直是这个领域的前景方向。

目前，市场上最流行的就是化纤和塑料抗静电剂。由于化纤的广泛应用，以及特种面料多为化纤组成，并且化纤是通过高温熔融体从喷丝口经静电纺丝喷制而成，因此，添加具有抗静电效果的母粒可以从最开始就带给化纤很好的抗静电效果，并且这种抗静电效果几乎都是永久性的，更多时候还会根据所添加的母粒而赋予纤维一些抗菌、抗紫外线的额外效果。

关于毛类纤维的抗静电处理，由于其表层所具备的独特鳞片层结构，目前主要处理方法分为两种：一是剥除鳞片层降低纤维摩擦效应来改善毛纤维的静电性；二是直接在鳞片层表层涂覆抗静电剂，这些涂覆的表面活性剂会在纤维表层形成一层亲水性极佳的导电性薄膜，尤其是在羊驼毛鳞片层衔接处形成平滑的高分子膜，以此达到抗静电效果。

2. 羊驼毛纤维的抗静电工艺

羊驼毛纤维具有良好的吸湿性和平衡回潮率，因此，在实验和测试前必须将羊驼毛纤维或织物置于标准温湿度环境（温度为20℃±2℃、湿度为65%±2%）中24 h，待达到吸湿平衡后放入干燥试样袋中备用。纤维均以15 g为一个处理单位，织物样品根据测试要求进行剪切，浴比为1∶30。

（1）蛋白酶剥除鳞片处理。

工艺流程：H_2O_2氧化预处理→蛋白酶处理→蛋白酶失活→洗净、烘干

（2）DCCA处理。

工艺流程：冷水浸渍→DCCA氯化处理→40℃温水洗涤冲洗→脱氯→水洗→调节pH→净洗、烘干、待用

（3）抗静电剂涂覆处理。

工艺流程：冷水浸渍→二轧二浸（轧余率100%，55℃）→预烘（80~100℃）→焙烘定形（150~190℃，30 s）→放置24 h测试静电性能

（4）皂洗。

工艺流程：40~60℃水洗→80℃GOON-881皂洗→60℃水洗→晾干

3. 抗静电羊驼毛纤维的表征及测试

（1）抗静电处理对羊驼毛表面鳞片层结构的影响。采用扫描电镜观察经蛋白酶、DCCA、抗静电剂处理后羊驼毛纤维在放大2000倍时的纤维（30 μm）表面鳞片层结构（图1-18、图1-19）。

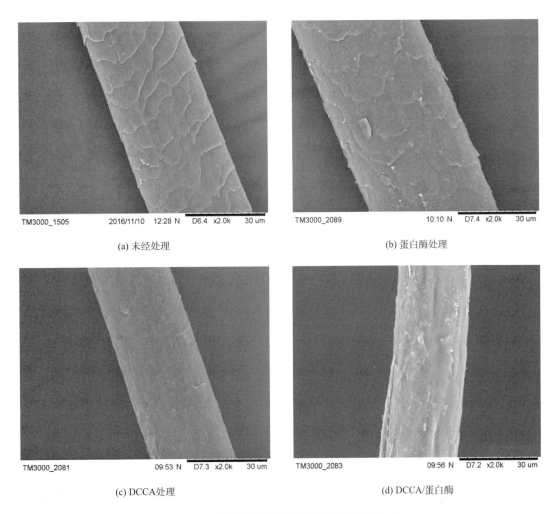

(a) 未经处理　　　　　　　　　　　(b) 蛋白酶处理

(c) DCCA处理　　　　　　　　　　(d) DCCA/蛋白酶

图1-18　剥除鳞片层对羊驼毛表面结构的影响

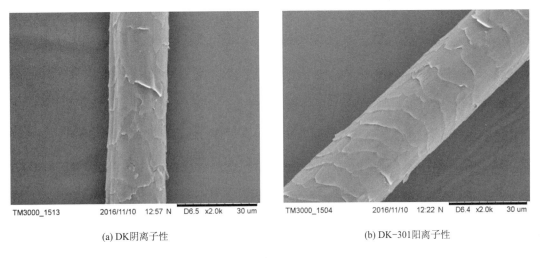

(a) DK阴离子性　　　　　　　　　(b) DK-301阳离子性

图1-19

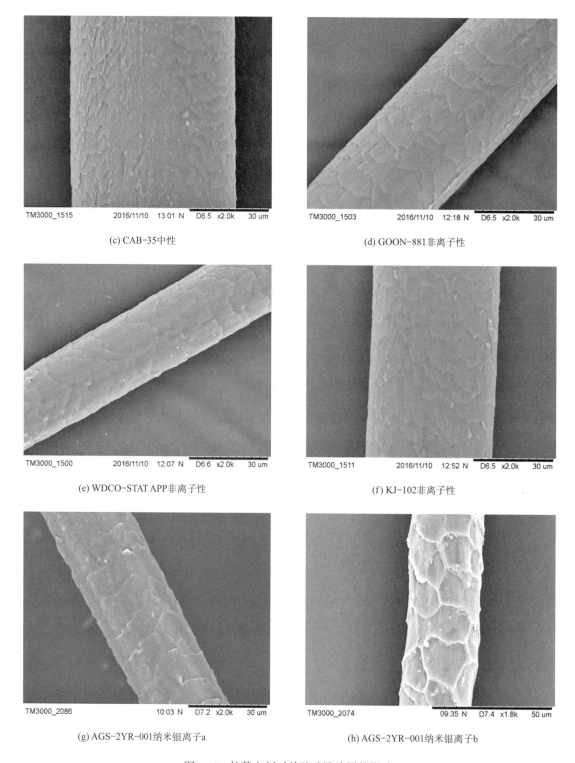

(c) CAB-35中性

(d) GOON-881非离子性

(e) WDCO-STAT APP非离子性

(f) KJ-102非离子性

(g) AGS-2YR-001纳米银离子a

(h) AGS-2YR-001纳米银离子b

图1-19 抗静电剂对羊驼毛鳞片层的影响

由图1-18可以看出：未处理的表面鳞片完整、边缘清晰可见、翘角大、排列紧密；经蛋白酶处理后，纤维鳞片聚集度下降、鳞片纹路不连续性上升、局部鳞片层张开，但鳞片层未完全剥离；经DCCA处理后纤维鳞片层发生严重降解和钝化。鳞片层结构破坏明显，纤维表面鳞片几乎全部消失，纤维变得光滑平整。鳞片层模糊不清，结构不再紧密；经DCCA/蛋白酶处理后，纤维鳞片层完全被剥离，表面光滑但并不平整，纤维变细，且严重受损，毛干很多处出现局部凹陷甚至结构缺失。

由图1-19可以看出：羊驼毛在涂覆抗静电剂后，鳞片层上会形成一层连续亲水性薄膜，使得鳞片纹路变得模糊不清，纤维整体光滑平整，只有局部鳞片因没有完全覆盖而鳞片外翘，尤其是鳞片层间隙处薄膜明显，但整体上，羊驼毛鳞片层保存完好，棱角分明。唯独用纳米银离子抗静电剂处理过的纤维毛干出现凹陷，结构破损，这是由于银离子对蛋白质有损害的作用，银离子浓度稍高的情况下会造成纤维毛干的损伤。

（2）抗静电处理对羊驼毛摩擦因数的影响。羊驼毛的表面由鳞片层覆盖且紧紧贴伏在毛干上，鳞片边缘比较光滑。蛋白酶处理后，鳞片外层破坏明显，但是鳞片整体破坏程度一般；经DCCA处理后，羊驼毛鳞片层几乎被完全剥离，因此，表面变得光滑平整；而经抗静电剂处理后，羊驼毛鳞片层上覆盖着一层亲水性薄膜会使纤维变得异常平顺。经抗静电处理后的羊驼毛纤维摩擦因数具体测试结果如图1-20所示。

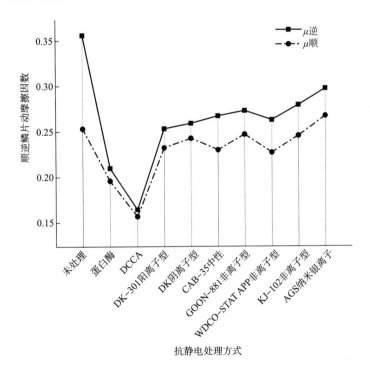

图1-20 抗静电处理对羊驼毛摩擦因数的影响

由图1-20可以看出：剥除鳞片可以获得良好的摩擦效应（顺逆鳞片摩擦因数的差值/和值，可以用图1-20中的顺逆鳞片动摩擦因数差间距大致表征），并且大大降低羊驼毛鳞片顺逆摩擦因数。而使用表面活性抗静电剂，由于其在纤维表面形成一层亲水性薄膜，会使得纤维变得光滑平顺，在一定程度上造成纤维摩擦因数的降低，虽然摩擦效应不如剥除鳞片，但是值得注意的是其柔和的处理方式不会损伤纤维。

（3）抗静电处理对羊驼毛比电阻的影响。通常把标准情况下（RH65%，20℃）电阻达到1×10^{10} Ω·cm的纤维称为抗静电纤维。一般合成纤维比电阻均在1×10^{13} Ω·cm以上，而毛类纤维大概在1×10^{11} Ω·cm左右。由于毛类纤维吸湿性极好但却经常使用在干燥寒冷的户外环境中，因此，其比电阻变化幅度大。具体测试结果如图1-21所示。

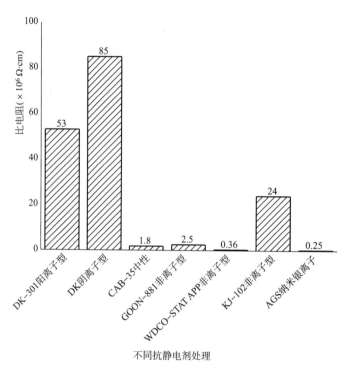

图1-21　不同抗静电处理后羊驼毛的比电阻值

由图1-21可以看出：与未经处理的羊驼毛纤维相比（体积比电阻1.5×10^{10} Ω·cm），使用抗静电剂处理后，纤维体积比电阻值直接下降了$10^3 \sim 10^5$倍。其中毛专用抗静电剂WDCO-STAT APP和GOON-881以及纳米银离子处理效果最好。而经蛋白酶和DCCA处理后的纤维体积比电阻值几乎没有变化（蛋白酶处理后为1.4×10^{10} Ω·cm、DCCA处理后为1.3×10^{10} Ω·cm）。说明抗静电剂的处理能够在纤维表面形成连续的亲水性薄膜，光滑的表面同时减少鳞片摩擦，最终带来良好的静电效果。

（4）抗静电处理对羊驼毛抗静电性能的影响。羊驼毛织物的抗静电处理效果通常用静电半衰期和静电电压来表征。静电半衰期越短，说明集聚在织物表面的电荷在短时间内能够迅速逸散，避免静电危害的产生，因此，工业上一般把织物经抗静电处理后静电半衰期值作为检验抗静电效果的核心标准。而静电电压或者摩擦电位一定程度上也能表达织物在带电情况下表面电荷积聚量、电荷积聚能力和因摩擦能够引起的静电电荷量。

鳞片层对静电的影响：一方面，羊驼毛表面鳞片层瓦状的特殊结构使其表面因粗糙不平而不利于纤维摩擦静电电位；另一方面，由于毛纤维鳞片层是由角蛋白质、脂质和碳氢化合物构成，使其具有很好的疏水性，因此，羊驼毛是一种表面具有极好的亲水性纤维，导致表面比电阻增大，电荷极不容易逸散。

具体静电半衰期和静电电压测试结果如图1-22、图1-23所示。

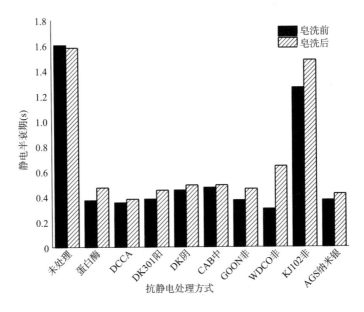

图1-22　抗静电处理方式对静电半衰期的影响

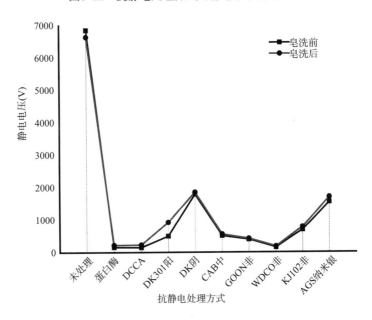

图1-23　抗静电处理对羊驼毛静电电压的影响

由图1-22可以看出：鳞片层的剥离使织物静电半衰期得到一定程度降低。与未经处理的羊驼毛织物相比，直接使用抗静电剂对织物静电半衰期有明显改善。并且可以看出阳离子和毛织物专用WDCO-STAT APP对羊驼毛静电半衰期的改善效果明显。纳米银离子抗静电剂由于其可以损伤蛋白质，并且能够在纤维表面形成一层导电亲水膜，因此其半衰期改善效果也不错。皂洗后，发现羊驼毛静电半衰期会增加，其中DCCA和蛋白酶、纳米银离子剥鳞片处理影响不大,抗静电剂水洗20次后,静电半衰期会略微回升。说明鳞片层的完整程度直接关系织物的静电半衰期。皂洗后,剥离了鳞片层的织物具有耐久性抗静电效果,涂覆抗静电剂方法获得的静电效果会回升,专用毛纺离子型抗静电剂具有不错的耐久抗静电效果。

不同抗静电处理方式对羊驼毛摩擦/感应静电电压测试如图1-23所示。

由图1-23可以看出:抗静电剂的使用会让羊驼毛获得很好的防静电效果,静电电压会从7000 V下降到2000 V甚至更低的200 V;而剥除鳞片的方法同样能让羊驼毛摩擦电压大大降低。皂洗20次后,两种处理后的静电电压都会增加,这是由于水洗后,有部分抗静电剂被水冲洗掉,所以,织物表面形成的亲水性薄膜变得不连续,最终造成静电电压或半衰期的回升。

三、羊驼毛的可纺性研究

(一)羊驼毛精纺工艺研究

羊驼毛作为一种重要的特种毛纺纤维原料,弹性好,吸湿性强,保暖性好,不易沾污,光泽柔和,具有独特的风格和使用功能。因其深受市场欢迎,国内外已经对其进行了大量研究,从羊驼毛纤维的基本结构,品质特性再到羊驼毛的各种改性研究以求获得具有更好性能且能满足精纺毛市场要求的羊驼毛。可是国内研究起步还比较晚,羊驼毛和其他特种动物纤维可纺性差、缩绒这两个缺点表明需要付出更大的努力和更多的尝试。

针对羊驼毛刚性大,纤维抱合力小,可纺性差,纺纱断头高、落毛多、生产效率低、成纱质量差等问题,从原料选择、纺纱工艺流程、工艺技术改进和工序质量控制等方面进行工艺研究。通过试生产不断调整上机工艺参数,解决了羊驼毛纺纱的关键工艺技术难题,在此基础上制订出批量生产上机工艺和质量控制要求,保证了大批量生产羊驼毛纱生产效率和成纱质量的稳定,为羊驼毛大衣呢产品的生产打下了良好的基础。何奕中和聂建斌针对羊驼毛的精纺问题通过不断改变上机工艺参数从而提高羊驼毛的精纺品质。

工艺流程:原料—松球→染色→复洗(LB 334)→混条(B 412,3遍)→头针(B 423)→二针(B 432)→三针(B 442)→粗纱(FB 441)→细纱(B 583C)→落筒(1332M)

在此工艺中,羊驼毛条和15.625 tex(64公支)丝光毛条采用条染染色,在混条机上进行混合成条,精梳工序、粗纱工序采用针圈式无捻粗纱机加工,选择精梳毛纺加工系统,具有成纱质量好、产量高、成本低等特点。

工艺技术:羊驼毛纤维细度粗、长度和离散较大,同时具有刚性强、抱合力差的特点,纺纱难度大。羊驼毛纯纺纱加工困难。另外,羊驼毛落毛多,生产成本高,加入适当比例的细羊毛可以提高纱线截面纤维根数,提高羊驼毛纱可纺性,还可以改进产品手感,降低原料成本,经过多方案配毛工艺的试纺,原料配毛选择羊驼毛条60%,15.625 tex(64公支)丝光毛条40%的配毛工艺,基本达到了原料合理搭配、取长补短、满足成纱质量要求。

(二)羊驼毛混纺工艺研究

将羊驼毛与其他纤维进行混纺可以提高羊驼毛的可纺性,并开发出更多品种面料的毛纺织品。混纺了不同纤维的羊驼毛纱线也因此拥有更多更好的品质特性,同时还改善了上机难度。这方面的研究根据市场对毛纺面料的需求而层出不穷,比如用精梳棉与羊驼毛混纺成纱的研究，其特征是纱线采用40%～60%的精梳棉与60%～40%的羊驼毛混纺制成；所述加工方法是将羊驼毛与棉花按各自的纺纱工艺流程进行加工制成所述毛条与精梳棉条，再于专门的并条机上混合后经过粗纱、细纱工序最终纺制成纱。该纱线不仅具有精梳棉纤维长度及整齐度好的优点，而且可纺性好，用其织造的面料手感细腻光滑，对人体无刺激，隔热保温性能也优于一般的棉毛混纺产品，最重要的是解决了纯棉织物的缩水问题，并有较好的耐磨性能。该纱线可以用于制作成各种高档内衣、仿毛外套、时装或家用纺织品。再比如，2010年王少华对亚麻/绢丝/羊驼毛进行混纺。亚麻纤维有抗菌、吸汗、不黏身、凉爽、无静电等功能；绢丝属天然蛋白质纤维，有良好的吸水性，柔软、舒适，对皮肤有保健作用；羊驼毛纤维光滑细腻，手感滑润，有良好的吸湿、透气性。三者的结合提高了织物的保健性及产品附加值。

工艺流程：BC 262和毛机→自动喂毛机→A 186G梳棉机→FA 306A并条机→A 454粗纱机→FA507A细纱机→GA014络筒机→RF 231B并线机→RF 321短纤倍捻机

四、羊驼毛研究展望

羊驼毛未来研究的重点还是需要投入到新型改性技术和产品开发，以此来满足精纺高支毛纺原料市场对羊驼毛的需求。高新技术的应用，使羊毛获得了更优良的性能，扩大了其使用范围。如用毛织物制作婴儿装、贴身衣物（如内衣、保暖内衣等）、运动服或医用产品等，以使毛纺产品赢得未来市场。

在前人对毛纺纤维近半个世纪所做的大量研究中，尤其是从羊毛的研究成果和技术中寻找羊驼毛的研究方向和设计方案，必须坚持以下几点。

（1）减少对环境的污染，实现"零污染"，实现可持续发展。

（2）对羊毛改性技术进行系统化和量化的研究，控制改性效果，使羊驼毛纤维达到需要的细度，量化研究羊驼毛的毡缩性、柔软性。

（3）针对羊驼毛的其他性质进行相关研究，比如羊驼毛的吸湿性、防缩性和光化学法对羊驼毛改性等。

参考文献

［1］张引，张一心，李全海，等．羊驼毛基本物理性能测试与分析［J］．上海纺织科技，2007，35（1）：12-13．

［2］赵坚，张鹏飞，张一心，等．羊驼毛纤维性能的测试研究［J］．中国纤检，2009（5）：62-64．

［3］李维红，高雅琴，席斌，等．羊驼毛的显微结构［J］．甘肃畜牧兽医，2008，38（6）：11-13．

［4］范瑞文，董长生，郝晓燕．羊驼毛鳞片超微结构的研究［J］．上海畜牧兽医通讯，2004（4）：14．

［5］李维红，席斌，郭天芬，等．7种特种动物纤维的性质·特点和微观结构观察（英文）［J］．Agricultural Science & Technology，2010，38（4）：10081-10083．

［6］李维红，高雅琴，王宏博，等. 羊驼毛的特性［J］. 上海畜牧兽医通讯，2008（5）：68.

［7］陈前维，李发洲. 羊驼毛工艺性能测试分析［J］. 毛纺科技，2010，38（1）：37-41.

［8］游蓉丽，董长生，等. 羊驼毛的品质特性. 畜禽业，2007，（6）：25.

［9］于伟东，储才元. 纺织物理［M］. 上海：东华大学出版社，2002：1-46.

［10］许艳丽，胡昕，邢巍婷，等. 羊驼毛纤维细度与单纤维强力相关性分析［J］. 中国畜牧兽医，2017，45（10）：2980-2986.

［11］张鹏飞，李阳，张引. 羊驼毛纤维的拉伸力学性能研究［J］. 毛纺科技，2008（9）：26-29.

［12］吴佩云. 几种动物毛纤维的结构与性能研究［J］. 上海纺织科技，2008，36（12）：47-50.

［13］Xin Liu, Xungai Wang, Lijing Wang. A Stduy of Austrlian Alpaca Fibres［C］. School of Engineering and Technology, Deakin University, Geelong, VIC 3217, Austrlia. 2002.

［14］范瑞文，董常生，赫晓燕，等. 羊驼毛的结构及其形态特征研究［J］. 激光生物报，2008（2）：224-228.

［15］李维红，高雅琴，席斌，等. 羊驼毛的显微结构［J］. 甘肃畜牧兽医，2008（6）：45-46.

［16］陈前维，李发洲. 拉细羊驼毛的形态结构与性能［J］. 国际纺织报，2009（10）：10-12+14-15.

［17］范瑞文，杨姗姗，白俊明，等. 羊驼毛中黑色素含量的相关性研究［J］. 中国农学通报，2013（14）：7-10.

［18］陈雪龙，张伟，金煜. 小羊驼被毛的物理性能［J］. 东北林业大学学报，2001（6）：46-48.

［19］王金泉，曲丽君. 羊驼毛物理机械性能测试［J］. 毛纺科技，2002（4）：43-45.

［20］陈前维，李发洲. 羊驼毛工艺性能与测试［J］. 毛纺科技，2010（1）：27-41.

［21］ZHANG Pengfei, LI Yang, ZHANG Yin. Study on tensile mechanical properties of alpaca fiber［J］. Wool Textile Journal, 2008（9）.

［22］刘宇清，于伟东. 羊毛和羊驼毛纤维完全性能的评价［J］. 毛纺科技，2006（8）：47-51.

［23］秦盼盼，王府梅. 羊驼毛保暖性能探究与优化供应商开发应用实践［D］. 上海：东华大学：2012：10-28.

［24］周安杰，刘洪玲. 天然蛋白质纤维的拉伸性能和结构分析［D］. 上海：东华大学. 2013：11-56.

［25］陈涛，刘洪玲. 拉伸角蛋白纤维的纳米摩擦性能的研究［D］. 上海：东华大

学．2014：33-59.

［26］Liu Hongling，Yu Weidong．Review of Slenderizing Technique of Wool Fiber［R］．2002：1-4.

［27］李丽君，崔鸿钧．提高毛织物附加值途径的探讨［J］．现代纺织技术，2005（5）．

［28］程浩南，张一心，张鹏飞．羊驼毛拉伸细化预处理工艺研究［J］．2014（9）：57-60.

［29］奚柏君，张才前，张含飞．生物酶对兔毛纤维改性处理研究［J］．针织工业，2005（9）：54-56.

［30］武达机．羊毛酶处理工艺的深化研究［J］．毛纺科技，2000（6）：15-19.

［31］张华莹，蔡再生．转谷氨酰胺酶在羊毛生物改性中的应用［D］．上海：东华大学．2008.

［32］陈前维，张引，张一心，等．羊驼毛经蛋白酶改性后强伸和摩擦性能的研究［J］．河北纺织，2008（1）：30-38.

［33］邸文达，杨川．羊驼毛色相关研究进展综述［J］．畜牧与饲料科学，2012（8）：84-86.

［34］王婷，邢海权，曹靖，等．IGF-1对羊驼皮肤成纤维细胞作用的研究［J］．畜牧兽医学报，2013（6）：880-887.

［35］何奕中，聂建斌．精纺羊驼毛纱生产工艺的研究［J］．毛纺科技，2008（9）：36-38.

［36］王少华．亚麻/绢丝/羊驼毛混纺有色针织纱的开发［J］．毛纺科技，2010（4）：22-24.

［37］邓丽娟，来侃，孙润军，等．乌苏里貉绒毛工艺性能测试分析［J］．毛纺科技，2006（6）：40-42.

［38］王金全，曲丽君．羊驼毛物理机械性能测试与分析［J］．毛纺科技，2002（4）：43-45.

［39］孙佩，孙润军．几种动物毛纤维基本性能对比研究［J］．西安工程学院科技学报，2007（2）：147-150.

［40］李维红，郭天芬，牛春娥．4种常见动物毛纤维组织学结构研究［J］．黑龙江畜牧兽医，2013（15）：145-147.

［41］李阳，沈兰萍．羊毛改性技术综述［J］．现代纺织技术，2008（6）：65-67.

［42］虞威，陈维国．光化学法羊毛改性及其染色性能研究［D］．杭州：浙江理工大学，2014.

第二章 貉毛纤维及其性能

一、貉毛纤维

纤维的结构可分成纤维的分子结构、纤维的超分子结构和纤维的形态结构三个层次。貉毛纤维是一种动物蛋白纤维，其分子结构和超分子结构与羊绒类似：除去皮屑、蜡质、水分、汗质、矿物质及其他杂质之后，几乎全部是含角朊、磷脂、甾醇的有机化合物，只是含量有所差别。

1. 貉毛纤维概述

貉是东亚特有动物，主产中国、苏联、朝鲜、日本、蒙古等国，分许多亚种。在我国有南貉、北貉之分：习惯上以长江为界，将长江以南产的貉称南貉，长江以北的貉称北貉。北貉体形大，毛绒丰厚，毛皮质量明显优于南貉；南貉体形小，针毛短，绒毛空疏。所以，目前人工养殖的貉，绝大多数为北貉，并以黑龙江省的乌苏里貉为最多。

貉的毛色因种类不同而表现不同，同一亚种的毛色变异范围很大，即使在同一饲养场，饲养管理水平相同的条件下，毛色也不相同。乌苏里貉的色型为：颈背部针毛尖呈黑色，主体部分呈黄白色或略带橘黄色，底绒呈灰色。两耳后侧及背中央掺杂较多的黑色针毛尖，由头顶延伸到尾尖，有的形成明显的黑色纵带。体侧毛色较浅，两颊横生淡色长毛，眼睛周围呈黑色，长毛突出于头的两侧，构成明显的"八字"形黑纹。也有其他色型，如黑十字型：从颈背开始，沿脊背呈现一条明显的黑色毛带，一直延伸到尾部，前肢、两肩也呈现明显的黑色毛带，与脊背黑带相交，构成鲜明的黑十字，这种毛皮颇受欢迎；黑八字型：体躯上部覆盖的黑毛尖，呈现八字型；黑色型：除下腹部毛呈灰色外，其余全呈黑色，这种色型极少；白色型：全身呈白色毛，或稍有微红色，这种貉是貉的白化型，也有人认为是突变型。

乌苏里貉根据毛的性能和生长部位不同分为背毛和尾针毛，其中背毛又分为针毛和绒毛。貉每年换毛1次，2月开始逐渐脱换底绒，3月下旬至5月底大量脱掉绒毛，剩下稀疏的针毛，9~10月又陆续长出绒毛，秋末冬初开始生长冬毛。11月中旬冬毛长成，针毛全部覆盖绒毛。幼貉从40日龄以后开始，脱掉浅黑色的胎毛，3~4月龄时长出黄褐色冬毛，11月毛被成熟度与成年貉相近。

乌苏里貉是重要的毛皮动物，其毛皮色泽美观，毛绒丰厚，皮板质地结实，是裘皮中的佳品，自古以来就被人们用于防寒和装饰用。当今市场上多见用貉皮制作的各种男女大衣、夹克、帽子、领子、褥子等高档裘皮制品，具有较高的经济价值。貉皮拔针后称貉绒，与貉皮具有同等用途。拔下的针毛，特别是背部的刚毛和尾部的针毛，可加工制作胡刷、毛笔和相粉扑等。

2. 貉毛纤维鳞片特征

鳞片结构是毛纤维特有的一种表面结构，它赋予毛纤维特定的摩擦性能、毡缩性能、吸湿性及有别于其他纤维的手感和光泽。鳞片结构与毛纤维的成纱性能、染色性能及织物舒适性能关系极为密切，所以探讨貉毛纤维的鳞片细微结构对研究貉毛纤维的加工工艺有着特殊的意义。貉毛纤维纵向的扫描电镜照片如图2-1所示。

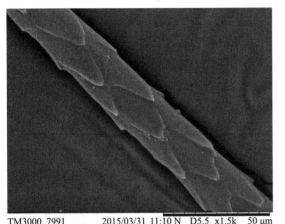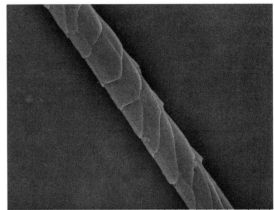

| TM3000_7991 | 2015/03/31 11:10 N | D5.5 x1.5k 50 μm | TM3000_7992 | 2015/03/31 11:13 N | D5.6 x1.5k 50 μm |
| (a) | | | (b) | | |

图2-1 貉毛纤维纵向扫描电镜照片

观察发现，貉毛纤维的鳞片由毛根向毛梢，一层一层包覆于毛干，由于鳞片较瘦窄形成非环状包覆，且与纤维直径方向的倾斜角度较大。鳞片边缘多带尖角，尖角较尖锐。

貉毛纤维的鳞片特征与羊毛、羊绒纤维的有明显差别。羊毛和羊绒的鳞片的边缘近似圆弧形，而貉毛纤维的鳞片边缘则带有一定程度的尖角，且其鳞片的翘角明显大于羊毛和羊绒。这种特殊的鳞片结构可提高貉毛的摩擦性能，为纺织加工提供足够的抱合力，有利于纺织加工的进行。

3. 貉毛纤维横截面及髓质层特征

毛纤维的髓质层一般位于毛纤维的中心，由细胞堆砌而成。由于髓质细胞中腔一般充填空气，故髓质层与纤维保暖性能好坏有很大关系。貉毛普遍含有髓质层，即使较细的绒毛也有髓质层，如图2-2所示。图2-3为貉毛截面的显微镜照片，从中可以清楚地看到貉毛纤维的髓质层，位于纤维的中心位置，髓腔较大，髓腔直径与纤维直径之比最大达到56.5%。视野范围内的绝大部分纤维都含有髓质层。由此可以推测貉毛的保暖性能优异。

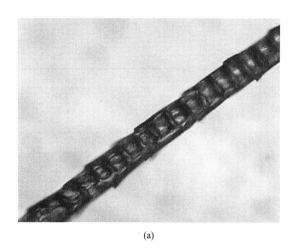 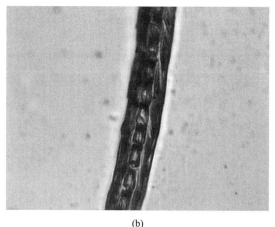

(a)　　　　　　　　　　　　　　　　　　(b)

图2-2　貉毛纤维的髓质层结构特征

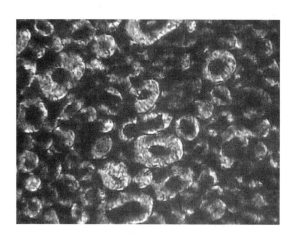 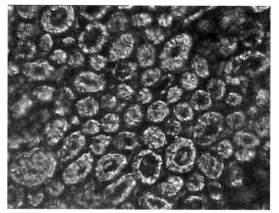

图2-3　貉毛的截面形态照片

二、貉毛纤维性能

（一）貉毛纤维回潮率

纺织材料的吸湿性能对纺织品穿着舒适性以及其他力学性能都有明显的影响。在纺织加工中，纤维含湿量过高会使清钢工序中杂质不易落下，影响除杂效率；含湿过低，会使飞花增多。

实验在标准大气环境下采用烘箱法测试，由于纺织材料具有一定的吸湿滞后性，所以，实验前，将试样放在标准大气环境中平衡48 h，即进行预调湿。

先取貉毛纤维50 mg各10份，经预调湿后将纤维放入烘箱内，烘箱温度设为90℃，烘干时间设为60 min。首次烘燥结束后取出试样在标准大气环境下平衡10 min，进行首次称重，得平均质量为42.22 mg。称重后，继续将试样放入烘箱中，在90℃的温度条件下再加热10 min，再称重，得平均质量为42.208 mg。通过计算得貉毛纤维的回潮率为：15.6%。

（二）貉毛纤维力学性能

纺织纤维在纺织加工以及纺织品使用过程中，容易受到各种外力的作用，所以，纺织纤维需要具有一定的抵抗外力作用的能力，这种能力被称为纺织纤维的力学性能。

1. 貉毛单纤维一次拉伸断裂性能

纺织纤维及其织物在外力作用下被破坏时，其主要和基本的破坏方式是纤维被拉断。强度是评定毛绒纤维的重要性质，它与加工工艺特性有着极其密切的关系。采用XQ-2型纤维强伸度仪，设定预加张力为0.1 cN，拉伸速度为10 mm/min，拉伸距离为10 mm，样本容量为60。分别测试貉毛、羊毛和山羊绒的一次拉伸断裂性能，测试结果见表2-1。

表2-1　貉毛、羊毛和山羊绒拉伸断裂性能对比

品种	断裂强力（cN）			断裂伸长率（%）			初始模量（cN/dtex）
	范围	平均值	$CV_S\%$	范围	平均值	$CV_E\%$	
貉毛	2.29-5.94	3.69	29.33	41.50-67.44	53.03	18.35	186.98
羊毛	4.09-8.98	6.59	22.27	30.32-49.52	40.13	17.91	315.61
山羊绒	3.46-8.22	5.28	26.20	39.88-48.16	45.76	6.97	281.43

注　CV_S表示纤维断裂强力变异值，CV_E表示纤维伸长率变异值。

由表2-1知，与羊毛和山羊绒相比，貉毛的强度小，但断裂伸长率高，完全能保证纺织加工和织物坚牢性的要求。貉毛纤维的初始模量也低于羊毛和羊绒，说明纤维在小负荷作用下易变形，刚性较小，制成的织物柔软。

2. 貉毛纤维拉伸弹性

纤维的拉伸弹性回复性能是纺织纤维的一项重要力学性质，与纺织品的耐磨性、抗褶皱性、手感、尺寸稳定性、耐疲劳性能等密切相关。

定伸长值分别为夹持距离的8%、10%、15%和20%、25%，停顿时间和回复时间均设为30 s。试样夹持长度10 mm，预加张力0.1 cN，拉伸速度10 mm/min，样本容量30。

如图2-4所示，当纤维被拉伸到设定的伸长值时，停顿一定时间，就会产生应力松弛，即纤维的定伸长回弹性实验曲线中AB；卸去负荷，卸荷曲线为BC，当到C时，纤维负荷已经完全被卸载，此时试验机的拉伸夹头便回到起始点的位置，经过一给定时间的停顿，纤维会逐步回缩至D，接着再次拉伸，使纤维先伸直后伸长，便得到定伸长弹性循环曲线。

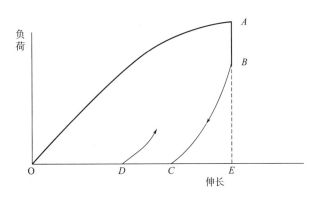

图2-4　貉毛纤维定伸长回弹性实验曲线

高聚物的形变包含急弹性形变（CE）、缓弹性形变（CD）和塑性形变（OD）三部分。其中弹性回复率R的计算公式如下：

$$R = \frac{\text{纤维变形中可回复部分}}{\text{纤维的总变形}} \times 100\% = \frac{CE+CD}{OE} \times 100\%$$

分别测试了貉毛、羊毛和羊绒在总拉伸变形率为8%、15%、20%、和25%时的弹性回复率。图2-5为貉毛纤维的弹性回复率与羊毛、羊绒的对比。

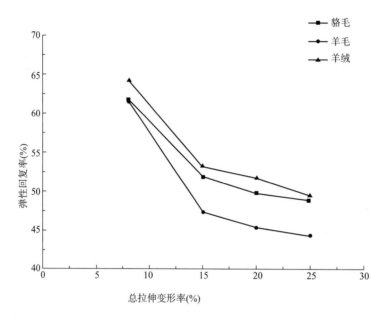

图2-5　貉毛与羊毛、羊绒的拉伸弹性回复率

对于毛纤维来说，其大分子链呈α螺旋结构，并有二硫键的作用使分子链组成交联的网络，不易产生塑性流动，一般情况下，回弹性能比其他纤维的高。可以看出貉毛在定伸长下的弹性回复率，总体优于羊毛，略低于羊绒。

还可以看出，随着总拉伸变形率的增加，貉毛的弹性回复率呈下降趋势，在总拉伸变形率为8%～15%时的下降幅度较大，在总拉伸变形率为15%～25%时的下降幅度渐趋平缓。这是由于随着初始拉伸变形率的增加，负荷停顿的时间也会相应延长，塑性变形也有了充分的时间发展，测得的弹性回复率就较小。同时去除负荷后，停顿的时间同样也有所增加，此时，缓弹性变形回复得较充分，因而测得的弹性回复率就较大。

（三）貉毛脱色工艺

貉毛纤维本身颜色为较深的灰褐色，为了获得更鲜艳的颜色，必须对其进行脱色处理。

1. 貉毛的脱色原理

对貉毛纤维进行脱色处理，就是使用化学方法将貉毛纤维中的色素去除，从而实现貉毛纤维脱色，并满足纤维白度高、强力损伤小等要求，对生产浅色貉绒毛制品提供了更为有利的条件。貉毛纤维的脱色方法参照其他动物纤维漂白脱色的方法。实验采用的脱色步骤为二价铁离子预处理—氧化脱色—还原脱色。

（1）预处理机理。过氧化氢在对纤维进行漂白脱色时需要金属离子来催化加快其分解的速率，从而达到漂白脱色的目的，经过大量试验研究，金属离子中对纤维损伤最小、有效的色素漂白脱色的金属催化剂为Fe^{2+}盐。对貉毛纤维进行预处理的机理是：将貉毛纤维用含有Fe^{2+}的溶液进行处理，使纤维中的黑色素与Fe^{2+}络合，并将未络合的铁离子洗去。在后续H_2O_2氧化脱色过程中，Fe^{2+}存在于H_2O_2溶液中，H_2O_2会释放出大量活性游离基，使黑色素迅速被破坏。在水洗过程中，为了防止亚铁盐被洗掉，一般都会加入螯合剂来将Fe^{2+}和色素进行螯合，预处理中应加入还原剂防止Fe^{2+}氧化。反应必须在密闭条件下进行。

（2）双氧水的脱色机理。将貉毛纤维用硫酸亚铁进行预处理，用过氧化氢对其进行氧化脱色的方法为催化接触脱色法。氧化脱色主要是利用双氧水等氧化性物质在一定条件下将纤维中的有色基团破坏以达到去除色素的目的。由于在漂白脱色过程中，过氧化氢溶液所产生的废水无污染、无毒害。因此，一直被广泛用在各种产品的漂白加工中。由于二价铁离子能够加快双氧水的分解且色素对二价铁离子有吸附能力，因此，脱色时对纤维进行亚铁离子预处理，就是利用色素的这种特殊性质。过氧化氢化学结构中，两个氧原子之间的结合键比较容易断裂，从而引起过氧化氢的分解；在脱色漂白溶液中，过氧化氢释放出活性氧，使色素的结构破坏而失去颜色，这个原理广泛应用于动物纤维的脱色漂白中。由于在预处理中加入了Fe^{2+}，能催化H_2O_2快速分解成HO^{2-}，但是HO^{2-}非常不稳定，分解速率较快，非常容易进一步分解释放出氧气，会对纤维造成损伤而且会降低过氧化氢漂白脱色的有效成分。Fenton研究报道了铁离子有催化双氧水分解的作用。Haber和Weiss对二价铁离子/双氧水系统的反应机理进行了研究，提出了有名的Haber—Weiss反应式如下：

$$Fe^{2+}+H_2O_2\rightarrow Fe^{3+}+HO\cdot+OH-$$
$$Fe^{2+}+HO\cdot\rightarrow Fe^{3+}+OH-$$
$$H_2O_2+HO\cdot\rightarrow HO_2\cdot+H_2O$$
$$Fe^{2+}+HO_2\cdot\rightarrow Fe^{3+}+HO_2^-$$
$$Fe^{3+}+HO_2\cdot\rightarrow Fe^{2+}+H^++O_2$$

因此，在用双氧水对纤维进行脱色时，都需要加入双氧水稳定剂，使H_2O_2能够在脱色过程中一直维持着高的氧化脱色能力，进而提高漂白脱色的效率。

（3）还原剂的脱色机理。还原脱色法是利用还原性物质在一定条件下处理纤维，通过将具有共轭体系的黄褐色物还原破坏，以此来达到消色脱色的目的。

貉毛纤维经过氧化脱色后，部分色素依然存留在纤维上，且残留的Fe^{2+}会因试验条件的影响被氧化成Fe^{3+}而使纤维呈现出黄褐色的状态，因此，要在氧化脱色后对纤维进行进一步的还原脱色，一方面能够将Fe^{3+}还原为Fe^{2+}；另一方面还能够继续分解色素。二氧化硫脲是一种强还原剂，分解时会放出新生态氢［H］，能破坏色素从而达到消色的目的，利用二氧化硫脲漂白时对纤维损伤较小，而且漂白剂废液对环境污染很小，处理起来也比较容易。

2. 貉毛的脱色工艺流程

（1）貉毛脱色试验步骤。脱色试验之前，先对貉毛纤维进行洗毛脱脂：将貉毛纤维用高级环保洗涤脱脂剂在40℃下处理30 min。水洗漂洗干净后对貉毛纤维进行脱色。

貂毛纤维的脱色由三个部分组成：预处理、氧化脱色、还原脱色；浴比为1∶40。

预处理：将适量的硫酸亚铁和亚硫酸氢钠配制成一定pH的溶液，在一定温度下将貂毛纤维放入溶液中，一定时间后进行冲洗。

氧化脱色：将预处理清洗后的貂毛纤维在一定温度下放入由双氧水、焦磷酸钠、渗透剂、柠檬酸配制成的一定pH的漂液中进行氧化脱色，一段时间后对貂毛纤维进行冲洗。

还原脱色：将氧化脱色清洗后的貂毛纤维在一定温度下投入到由二氧化硫脲配制的一定pH溶液中进行还原脱色，一段时间后对貂毛纤维进行充分洗涤并干燥。

（2）脱色试验设计。首先确定预处理步骤的最佳方案，对预处理步骤中的硫酸亚铁用量、亚硫酸氢钠用量及温度和时间四个因素进行单因素试验，以纤维白度和强力为考察指标，在此基础上确定四个因素的主要影响水平范围，选取水平进行正交试验，此时，氧化脱色和还原脱色步骤的工艺处方见表2-2。确定预处理最佳工艺条件后，再采用相同方法确定氧化脱色步骤中双氧水用量、焦磷酸钠用量、氧化脱色温度和时间以及还原脱色步骤中二氧化硫脲用量、还原脱色温度和时间的最佳方案。

根据大量的研究相关动物纤维脱色的文献，确定貂毛纤维脱色的初步工艺处方见表2-2。

表2-2　貂毛纤维脱色的初步工艺处方

预处理	七水合硫酸亚铁8 g/L，亚硫酸氢钠2.0 g/L，70℃，40 min
氧化脱色	双氧水20 ml/L，焦磷酸钠4 g/L，柠檬酸2 g/L，60℃，90 min
还原脱色	二氧化硫脲1.5 g/L，70℃，40 min

注　预处理pH为4，氧化脱色和还原脱色pH都为6；每个步骤的浴比都为1∶40。

3. 脱色后貂毛的性能及测试

貂毛纤维经过脱色处理后，纤维的力学性能有不同程度的变化，为了更好地对比脱色前后貂毛纤维的差异，用扫描电镜对脱色前后的貂毛纤维进行表面形态观察。

（1）脱色后貂毛纤维的力学性能。纤维的力学性能是纤维品质检验的重要内容，与纤维的纺织加工性能及纺织品的服用性能关系密切。尤其是纤维的强力，纤维强力大小影响纤维从纺纱到织造等一系列的过程。貂毛纤维经过脱色处理后，纤维的力学性能有不同程度的下降。经过预处理、氧化脱色和还原脱色三步工艺的优化，得出脱色前和脱色后的貂毛纤维的力学性能见表2-3。断裂强力下降12.8%，不影响纤维混纺过程的顺利进行；脱色对纤维的细度有影响，脱色后貂毛纤维的细度有所下降，因此，貂毛纤维的断裂强度降低得较小；断裂伸长率减少7%，说明貂毛纤维的轴向弹性降低较少；初始模量减少8.6%，初始模量值较低，说明貂毛纤维较柔软。

（2）脱色后貂毛纤维的表面形态。为了更好地对比脱色前后貂毛纤维的差异，用扫描电镜对脱色前后的貂毛纤维进行表面形态观察，结果如图2-6所示。图2-6（a）为脱色前貂毛纤维的表面形态，图2-6（b）为脱色后貂毛纤维的表面形态。

表2-3　脱色前后貉毛纤维的白度和力学性能

貉毛纤维	白度（%）	断裂强度（cN/dtex）	断裂强力（cN）	断裂伸长率（%）	初始模量（cN/dtex）
脱色后	62.44	1.68	4.21	39.85	36.61
脱色前	-18.63	1.51	3.67	37.19	33.44

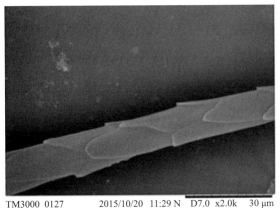
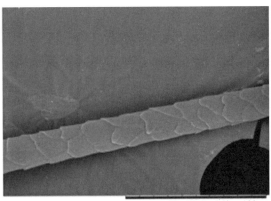

TM3000_0127　　2015/10/20　11:29 N　D7.0 x2.0k　30 μm　　　　　N　D7.6 x1.0k　100 μm

(a) 脱色前　　　　　　　　　　　　　　　　　　(b) 脱色后

图2-6　脱色前后貉毛纤维表面形态扫描电镜照片

　　由图2-6可以看出，脱色前的貉毛纤维表面光滑，鳞片完整，未出现破裂缺损的现象，鳞片厚度较厚，其排列层次有序，鳞片间重叠较少，紧贴毛干；经过脱色工艺处理后的貉毛纤维表面的鳞片层有一定的损伤，部分鳞片层的边缘棱角发生了钝化，鳞片层受到一定刻蚀，部分鳞片层翘起，少数鳞片上能够看到裂纹，但鳞片未脱落，鳞片表面的粗糙度略有升高，脱色前后貉毛纤维的表面形态差别不是很明显，说明脱色工艺对貉毛纤维的损伤较小，对其纺制产品的缩绒性不会有显著改变。

（四）貉毛纤维染色性能

　　貉毛纤维在经过脱色的一系列步骤之后，纤维表面的鳞片会遭受不同程度的破坏，纤维上能与染料反应的基团变少，影响纤维的强力、染色后纤维的K/S值和色牢度。

　　1. 貉毛的染色原理

　　对脱色后貉毛纤维染色所使用的染料为兰纳素活性染料及天然姜黄染料。因貉毛纤维在经过脱色之后，纤维已有损伤，为减少貉毛纤维更大程度的损伤，利用活性染料对貉毛纤维染色时采取低温染色。

　　（1）兰纳素活性染料低温染色貉毛纤维。活性染料分子结构简单，有着颜色鲜艳、色谱多样齐全、成本较低、水溶性好、良好的扩散性和匀染性、皂洗牢度和摩擦牢度较高等优点，使用方便。兰纳素活性染料中含有α-溴代丙烯酰胺基团，它能与脱色绒毛纤维中的氨基、羟基、巯基等发生化学反应形成共价键结合，从而使染料和纤维牢固结合。根据活性染料的活性基类型的不同，可将活性染料与脱色貉毛纤维的反应分成以下三种情况：取代反应，脱色后的动物纤维与均三嗪型活性染料发生取代反应，生成共价键而结合；加成反应，脱色后的动物纤维同乙烯砜类型的活性染料发生加成反应生成共价键而结合；取代、加成双重反应，兰纳素活性染料就属于此类反应。

羊毛、兔毛等动物纤维的鳞片层会妨碍染料向纤维内部扩散，因此，在纤维染色时需要用较高的温度破坏鳞片层，使染料进入纤维内部，一般情况下需沸染。虽然脱色后貉毛纤维表面的部分鳞片层被破坏，但在常温状态下染料依然很难向纤维内部扩散，需要在高温下鳞片层充分打开时才能够上染。但高温使活性染料易发生水解，从而使染料的亲和力和平衡吸附量随之降低，染料吸附在纤维表面，不仅会造成浮色，而且也会造成染料的浪费。

参照羊毛纤维的低温助剂染色法对脱色后的貉毛纤维进行染色。染色前使用低温染色助剂LTA对纤维进行预处理，改变纤维鳞片结构，以提高染色的吸尽率和染料的渗透率，从而使纤维在低温下达到高温染色的效果。

活性染料低温染色貉毛纤维的工艺处方：红色兰纳素染料3%（o.w.f），低温染色助剂LTA为1%（o.w.f），元明粉10 g/L，醋酸0.6%，匀染剂2%（o.w.f），上染pH为5~6，无水碳酸钠10 g/L，固色pH为8~8.5，浴比为1:30。

工艺流程：低温染色助剂LTA预处理貉毛纤维→常温入染→升温→保温→固色→皂洗→水洗→干燥

低温染色的工艺曲线如图2-7所示。

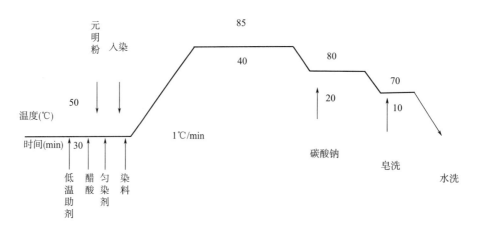

图2-7　貉毛纤维活性染料低温染色工艺曲线

（2）天然染料染色貉毛纤维。如今科学技术飞速发展、物质生活不断丰富，人们对衣、食、住、行的要求也不断提高，不仅要求舒适美观，更注重其环保健康的功能。一方面合成染料染色的织物会对皮肤有刺激性，另一方面在生产和使用中也会对环境造成污染。因此，无毒无害、对皮肤无过敏无致癌且有较好生物降解性能的天然染料重新回到人们的视线中。

天然植物染料的分子结构各不相同，因此，染料及所染纤维类型的上染机理和染色方法不尽相同。天然染料种类繁多，结构复杂，各类天然染料的染色热力学和动力学方面的研究还很欠缺。目前将染色方法大致分为直接染色法、媒染法和还原染色法。选用色素对水溶解度好的姜黄染料，直接染色貉毛纤维。

染料的提取：姜黄染料是从姜黄的根中提取的。将干燥的姜黄根在沸水中煮45 min，染料就开始析出。将提取液过滤即可用于染色。染料与水的比例为1∶20。

姜黄天然染料染色貉毛纤维的工艺处方：姜黄天然染料提取液30 mL，染色温度为95℃，染色时间为40 min，pH为4。

2. **染色貉毛的性能表征与测试**

（1）染色后貉毛纤维的红外光谱图分析。为了探讨貉毛纤维染色后纤维结构的变化，应用傅立叶红外变换光谱仪对两种染料染色貉毛纤维的红外光谱进行研究，测试结果如图2-8和图2-9所示。

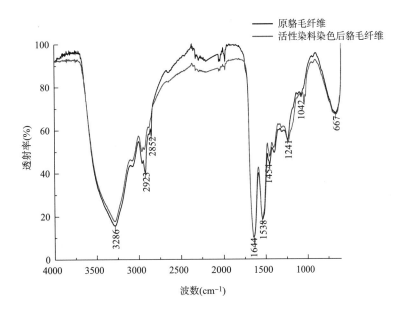

图2-8　活性染料染色后貉毛纤维与原毛的红外光谱图

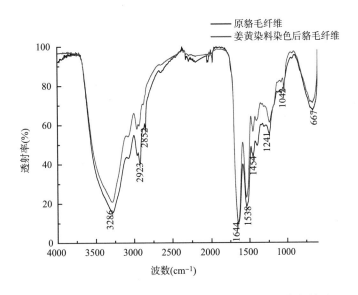

图2-9　姜黄天然染料染色后貉毛纤维与原毛的红外光谱图

从图2-8和图2-9的ATR傅立叶变化红外光谱图中可以看出染色后貉毛纤维和原貉毛纤维的红外图谱差异不大，都只有1042 cm^{-1}处出现了新的吸收峰。说明染色前后貉毛纤维鳞片层中的化学官能团并未发生显著变化。

在3286 cm^{-1}和2923 cm^{-1}处都是由N—H伸缩振动引起的吸收；2852 cm^{-1}处是由C—H伸缩振动产生的吸收；1644 cm^{-1}处出现的吸收峰是酰胺 I 带的C—O的伸缩振动产生的；1538 cm^{-1}处的吸收峰是酰胺 II 带N—H弯曲振动与C—N 伸缩振动组合产生的；1454 cm^{-1}处有一个微弱的尖细单峰，这是由C—H弯曲振动引起；1241 cm^{-1}处的吸收峰是酰胺 III 带C—N伸缩振动产生的；667 cm^{-1}处的吸收峰是由O—H面外弯曲和N—H面外弯曲振动所产生的。

两种染料染色后貉毛纤维的红外光谱图在1042 cm^{-1}处出现了一个尖锐的吸收峰，它是半胱胺磺酸盐（SO^{3-}）的特征吸收峰，是S—O伸缩振动引起的，这个新的吸收峰的出现表明纤维中胱氨酸二硫键发生断裂，说明染色使纤维角蛋白中的二硫键发生断裂，形成了新的产物。

傅立叶变换红外光谱仪测定蛋白质纤维分子的二级结构用得最多的是位于1740～1580 cm^{-1}处的酰胺 I 带，它主要是由羰基振动，还有较弱的C—N伸缩振动以及N—H弯曲振动引起的。一般来说，认为该区域的二级结构有四种：α-螺旋结构、β-折叠结构、β-转角结构和无规卷曲。蛋白质纤维的红外光谱中酰胺 I 带的特征谱带的分布见表2-3。

表2-4　蛋白质红外光谱酰胺 I 带的分布

谱带成分	频率范围（cm^{-1}）
α-螺旋结构	1650～1658
β-折叠结构	1620～1640，1670～1680
β-转角结构	1659～1674，1681～1696
无规卷曲	1641～1649

红外图谱中酰胺 I 带的振动非常复杂，谱带之间有可能存在交叠、隐峰等信息，为了能够更准确对貉毛各谱带的成分进行分析，需要对其进行多峰分峰拟合。用Origin和Omnic软件对未染色貉毛和脱色貉毛纤维染色后红外光谱图的酰胺 I 带进行多峰高斯/洛伦兹函数拟合分峰，就能在原红外光谱图中得到各拟合峰的位置、峰面积、半峰宽等参数，然后可定量地计算出未染色貉毛纤维和染色后貉毛纤维四种二级结构的含量百分率。

对未染色貉毛和两种染料染色后的貉毛纤维进行分峰拟合分析其二级结构的变化。未染色貉毛纤维和两种染料染色后貉毛纤维的二级结构在酰胺 I 带中的分峰拟合结果如图2-10～图2-12所示。二级结构的含量百分率的计算公式如下：

$$P = \frac{S_{螺旋}}{S_{螺旋}+S_{折叠}+S_{转角}+S_{无视}} \times 100\%$$

由图2-10～图2-12可以看出，在分峰拟合前酰胺I带中只有一个吸光度比较高的宽峰，通过分峰拟合对其处理之后，得到多个子峰，所得的各个子峰和原波峰有好的拟合效果。根据上述公式计算出两种染料染色后貉毛纤维二级结构的含量，结果见表2-4。

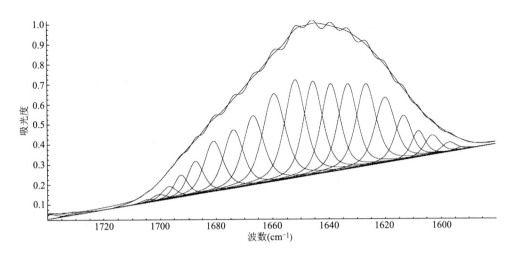

图2-10　未染色貉毛纤维的分峰拟合图

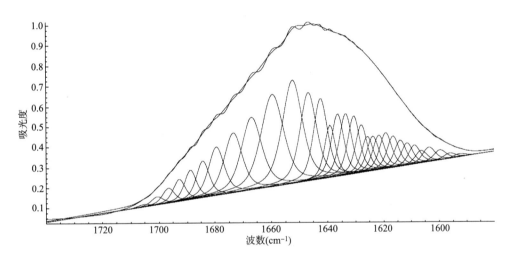

图2-11　活性染料染色后貉毛纤维的分峰拟合图

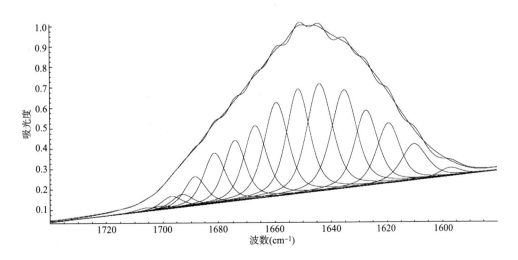

图2-12　姜黄染料染色后貉毛纤维的分峰拟合图

表2-5　未染色貉毛纤维和两种染料染色后貉毛纤维酰胺Ⅰ带二级结构的含量百分率（%）

纤维试样	α-螺旋结构	β-折叠结构	β-转角结构	无规卷曲
未染色貉毛纤维	11.10	24.01	29.15	10
活性染料染色后貉毛纤维	11.54	32.39	23.90	14.16
姜黄染料染色后貉毛纤维	12.58	28.52	28.54	13.90

由表2-5可以看出，未染色貉毛纤维四种二级结构含量的差别较大。β-转角结构最多，其次是β-折叠结构，α-螺旋结构和无规卷曲的含量差别不大。两种染料染色后貉毛纤维的α-螺旋结构、β-折叠结构、无规卷曲含量都有不同程度的增加，而β-转角结构含量减少。

（2）染色前后貉毛纤维的表面形态。染色后貉毛纤维的表面形态如图2-13所示，图2-13（b）为兰纳素活性染料低温染色后纤维的表面形态，图2-13（c）为姜黄天然染料染色后纤维的表面形态。

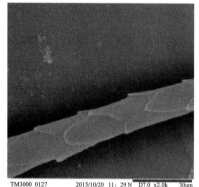 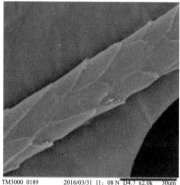 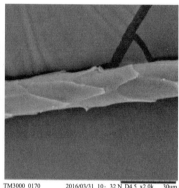

(a) 未染色貉毛纤维　　　　　(b) 兰纳素染料染色后貉毛纤维　　　　　(c) 姜黄染料染色后貉毛纤维

图2-13　染色后貉毛纤维表面形态

由图2-13可以看出，貉毛纤维经过兰纳素活性染料低温染色与天然姜黄染料染色后，貉毛纤维表面的鳞片结构仍然可以清楚地观察到。兰纳素活性染料染色后貉毛纤维的表面粗糙，有鳞片翘起，还有少许杂质附着于纤维表面，这是染色过程中染料与貉毛纤维发生化学键结合，连接在纤维大分子链上；部分鳞片上产生了明显的裂纹，鳞片的厚度稍有变薄。姜黄天然染料染色后貉毛纤维表面鳞片边缘钝化，多数鳞片翘起，部分鳞片脱落。总体来看，两种染料染色对貉毛纤维的鳞片损伤较小。

（3）染色对貉毛纤维摩擦因数的影响。纺织纤维的摩擦性能不但会直接影响纺织工艺的顺利进行，而且与纱线、织物的质量密切相关。纤维摩擦力会直接影响纤维加工的整个过程，如梳理和牵伸等。因为纤维摩擦力的存在，会有纤维相互之间、纤维和机器之间的相对运动。由于貉毛纤维鳞片排列的方向性，其摩擦因数有逆鳞片和顺鳞片之分。以最新发展的电子式纤维摩擦因数测试仪按照规定方法测定未染色貉毛纤维和两种染料染色后貉毛纤维的逆鳞片和顺鳞片摩擦因数。实验结果见表2-6。

表2-6　未染色貉毛纤维和两种染料染色后貉毛纤维的摩擦因数

试样	项目	摩擦因数		摩擦效应（%）
		顺鳞片	逆鳞片	
未染色貉毛纤维	静摩擦	0.3392	0.4941	18.59
	动摩擦	0.3195	0.4617	18.20
兰纳素染色后的貉毛纤维	静摩擦	0.3037	0.4436	18.72
	动摩擦	0.2997	0.4221	16.96
姜黄染色后的貉毛纤维	静摩擦	0.3002	0.4377	18.62
	动摩擦	0.2923	0.4184	17.77

由表2-6可以看出，无论是兰纳素活性染料低温染色，还是姜黄天然染料染色，染色后的貉毛纤维与原貉毛纤维相比，顺鳞片系数和逆鳞片系数均有小幅地减少，说明染色对貉毛纤维鳞片的损伤较小；其摩擦效应较高且变化不大，这是由于貉毛纤维鳞片生产的特点及其翘角较大所致，纤维有良好的抱合力，在纺纱过程中保证梳理和牵伸过程能够顺利进行；同时赋予纤维良好的缩绒性，在生产针织毛衫时能够使织物质地紧密厚实、长度缩短、弹性及保暖性增强，但生活中毛织物水洗时会因机械力的作用产生毡缩现象，其风格和尺寸稳定性受到影响，因此，实际中需对其进行防毡缩整理。

三、貉毛纤维混纺纱性能

近年来，服用纺织品正朝着原料多样化、功能多样化、风格多元化的方向发展。将几种具有不同功能的纤维混纺，除了能改善原料的成纱结构进而改善产品的性能外，还能通过不同原料的搭配达到功能多重性效果。鉴于此，针对市场需要，合理地控制成本并且尽可能地提高产品的附加值。根据貉毛纤维、羊绒纤维、黏胶和锦纶的性能特点，通过优化各工序配置工艺参数、优选纺纱配件、采取严格控制相对湿度等技术措施，成功开发了5种混纺纱。这对如何利用棉纺设备，配以合理的生产工艺开发貉毛混纺纱作了很好的尝试。

为了研究貉毛混纺纱中貉毛纤维含量与混纺纱性能的变化关系，对5种不同混纺比的纱线分别进行了拉伸性能、应力松弛性能以及成纱条干均匀度测试，并对测试的结果进行了比较和分析。

（一）原料性能

混纺纱的纤维原料性能分别如下。

（1）貉毛。具有保暖好，回弹性高，手感蓬松，保形性好，穿着舒适等优良性能。

（2）羊绒纤维。强伸长度、吸湿性优于绵羊毛，集纤细、轻薄、柔软、滑糯、保暖于一身。纤维强力适中，富有弹性，并具有一种天然柔和的色泽。但因其稀有，价格昂贵。

（3）黏胶纤维。黏胶纤维由于吸湿性好，穿着舒适，可纺性优良，常与棉、毛或各种合成纤维混纺、交织，用于各类服装及装饰用纺织品，价格比较低廉。

（4）锦纶。锦纶最大的优点是结实耐磨，耐疲劳破坏，且密度小，织物轻，弹性好，化学稳定性也很好。短纤大都与羊毛或毛型化纤混纺。

貂毛混纺纱生产选用的各组分纤维性能指标见表2-7。

表2-7　貂毛混纺纱各组分纤维物理性能指标

纤维种类	平均长度（mm）	细度（dtex）	断裂强度（cN/dtex）	断裂伸长率（%）	回潮率（%）
貂毛纤维	59.5	2.52	1.49	46.9	15.6
羊绒纤维	41.0	3.15	1.59	40.0	15.0
黏胶纤维	38.0	1.33	2.50	23.1	13.0
锦纶	38.0	1.67	4.90	50.1	4.5

考虑到成纱风格和经济合理性原则，设计了5种混纺纱，其中，貂毛混用比例分别为5%、10%、15%、20%和25%，成纱细度为24公支/2，纱线混纺比见表2-8。

表2-8　貂毛混纺纱混纺比

纱线编号	纱线品种	混纺比	支数（公支）
1	貂毛/羊绒/黏胶/锦纶	5 / 15 / 50 / 30	24/2
2	貂毛/羊绒/黏胶/锦纶	10 / 15 / 45 / 30	24/2
3	貂毛/羊绒/黏胶/锦纶	15 / 15 / 40 / 30	24/2
4	貂毛/羊绒/黏胶/锦纶	20 / 15 / 35 / 30	24/2
5	貂毛/羊绒/黏胶/锦纶	25 / 15 / 30 / 30	24/2

（二）貂毛纤维预处理及原料混合

由于貂毛纤维存在空腔结构，所以密度较小，比电阻较大，极易产生静电且难以去除。而纤维在纺纱过程中，也易产生静电。由于静电作用，纤维在纺纱中容易产生绕皮辊、绕罗拉的现象，以致成网成条困难。所以，未来解决纤维间抱合力差和静电现象严重的问题，必须在纺纱过程中添加抗静电油剂，改善可纺性。

将貂毛纤维分选、开松、洗净烘干后，分别与其他纤维按相应比例进行混合。并将混合均匀的纤维在封闭的空间内喷入配好的和毛油、防静电剂及助剂，喷匀后装入塑料袋中封严，并且预置48 h进行养生闷毛处理，使油水均匀渗透。

（三）粗纺工艺

粗纺原料→染色→和毛加油→梳毛［日本京和（KYOWA）四联式单过桥梳毛机］→细纱［日本京和（KYOWA）走锭机］→络筒（AC 5型络筒机）→并线（ARD.L型并线机）→倍捻（VT5-07型倍捻机）。

1. 梳毛工序

梳毛工序工艺参数的设置应该保证纤维得到充分梳理，呈单纤状，并且保证纤维间混和均匀、纤维损伤小、出条重量均匀。因此，在梳毛工序中采用柔和梳理工艺。另外，需大幅降低盖板、锡林及道夫的速度，使梳理作用较为缓和；锡林与盖板间采用大隔距，尽量避免纤维的损伤；锡林与道夫间隔距紧密配置，便于纤维顺利地从锡林上转移。此外，要严格控制梳理过程中的温度和相对湿度，温度控制在25℃及以上，相对湿度为50%~60%，尽可能避免缠皮辊、缠罗拉。梳毛主要工艺参数见表2-9。

表2-9　梳毛主要工艺参数

项目	参数
喂毛定量（g/次）	150
喂毛周期（s）	80
锡林转速（r/min）	280
刺辊转速（r/min）	750
道夫转速（r/min）	25
盖板速度（mm/min）	166
粗纱定重（g/33 m）	4.24
出条速度（m/min）	13.5

2. 细纱工序

细纱部分采用日本京和（KYOWA）走锭机，是一种周期性动作的纺纱机，细纱分段纺成。与环锭细纱机相比，走锭细纱机采用边牵伸边加捻的纺纱方式，捻度向出条罗拉握持点传递，使捻度在纺纱段均匀，有利于减少细纱断头，获得优良的条干，且纺纱时纱条受到较小的张力，细纱条干均匀度得到提高。

多组分纤维混纺时，需要选择合理的工艺参数，否则由于各组分纤维性能的不同，会造成难以牵伸或者纱线强度过低的现象，降低成纱质量。牵伸倍数为1.26，捻度为250捻/m，捻向为Z捻，细纱定重为25.51 g/250 m。

（四）貉毛混纺纱基本性能

1. 纱线条干测试

实验仪器：乌斯特条干均匀度仪。

实验条件：试样放置在试样用标准大气中调湿至少24 h：温度20℃±2℃，相对湿度65%±3%。5种编号为1~5的貉毛混纺纱的条干不匀率如图2-14所示。

纤维细度对成纱条干的影响较大，主要是因为在纺纱支数一定的前提下，纤维细度将直接影响纱条截面中的平均纤维根数，这对纤维在纺纱过程中因随机排列而引起的不匀率有较为显著的影响，从而影响成纱的不匀率值。

由于貉毛纤维的细度和长度离散程度较黏胶纤维大，貉毛纤维的混入导致了纱线条干的恶化。纤维越粗，成纱截面内的平均纤维根数越少，成纱截面不匀率值也越大。故当貉毛纤维含量不断增加时，条干会产生恶化，但条干不匀率值仍较小，即条干较好。

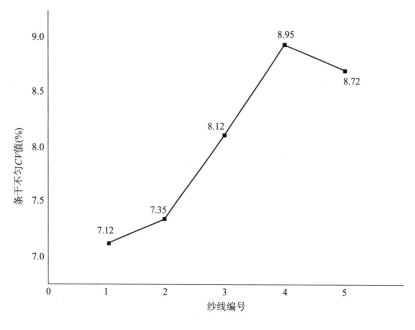

图2-14　貉毛混纺纱条干不匀率

2. 纱线力学性能测试

实验仪器：YG 061型电子单纱强力仪。

实验条件：夹持长度为500 mm，拉伸速度为500 mm/min，预加张力为5 cN，温度为20℃±2℃，相对湿度为65%±3%。

纱线受到外力作用时，破坏的基本方式是纤维被拉断。纱线受力主要来自于轴向拉伸，另外，纱线的拉伸性能直接影响织物的性能。因此，纱线的强伸性是反映织物耐用性的一个重要指标。断裂伸长率和断裂强力的测试结果见表2-10。

表2-10　不同混纺比的纱线力学性能值

纱线编号	断裂强度（cN/tex）	断裂伸长率（%）
1	11.67	12.85
2	10.65	12.71
3	9.83	13.92
4	9.69	11.97
5	9.79	12.15

由表2-10可以看出，以上几种混纺纱的强力指标都达到了针织纬编纱的要求。随着貉毛纤维比例的增大，混纺纱的断裂强度也不断降低，但降低的幅度并不大，强度依然很大。这是因为貉毛纤维的断裂强度小于黏胶纤维，但貉毛特殊的鳞片结构可提高貉毛的摩擦性能，为纺织加工提供足够的抱合力，而纱线的断裂强度主要取决于混纺纤维的断裂强度和纤维之

间的抱合力。

四、貉毛混纺针织面料性能

织物性能影响人体穿着服装时的感官舒适性及美观程度，所以分析和研究织物的性能对指导生产意义重大。貉毛纤维最突出的是其保暖性及服用舒适性。

（一）貉毛混纺针织物试样制备

用电脑横机编织针织物，由于实验条件的限制，只试织了纬平针组织，对应的机号为10 G。织物下机后在标准大气条件下将毛坯布平铺静置72 h，使织物能松弛并接近平衡状态，然后测量织物的相关尺寸和参数，结果见表2-11。

表2-11　针织物试样规格

织物编号	成分	混纺比例 （%）	克重 （g/m²）	厚度 （mm）	纵密 （线圈/5 cm）	横密 （线圈/5 cm）
1	貉毛/羊绒/黏胶/锦纶	5/15/50/30	225	2.30	42	31
2	貉毛/羊绒/黏胶/锦纶	10/15/45/30	222	2.39	42	30
3	貉毛/羊绒/黏胶/锦纶	15/15/40/30	229	2.44	41	30
4	貉毛/羊绒/黏胶/锦纶	20/15/35/30	234	2.50	41	31
5	貉毛/羊绒/黏胶/锦纶	25/15/30/30	243	2.57	42	30

表2-11中针织物试样规格的测试方法及工具说明如下：针织物密度，由Y511B型织物密度测试镜进行测试，参照标准FZ 70002—1991；针织物平方米克重，由ACS织物克重测试仪进行测试，切割直径为113 mm，取样面积为100 cm²；针织物厚度采用YG141N数字式织物厚度仪测定，根据GB 3820—1997《纺织品和纺织制品厚度的测定》，选用100 cN的预加压力，压脚面积为2000 mm²，测定针织物的厚度值。

（二）貉毛纤维混纺针织物的性能测试分析

1. 织物的透气性能

织物的透气性是织物服用性能的一个重要方面，对织物舒适性有着较大的影响。织物的透气性与以下因素有关。

（1）织物的横密、纵密、纱线特数和纱线捻度。5种混纺织物不同混纺比的横、纵密相差不大，而且纱线设计的特数及捻度都是相同的，所以在分析时可以对此类因素不做重点考虑。

（2）纤维自身的结构。貉毛纤维截面为微孔结构，可以迅速地扩散皮肤散发的湿气，保持皮肤的干燥，有利于改善织物的透气性能。

随着貉毛纤维含量的增加，混纺织物透气性降低，如图2-15所示，貉毛混纺织物透气率是多因素综合作用的结果，透气率在1000～1400 mm/s。总体透气性一般，这也与它的厚度较厚有关。同时，随着貉毛含量的增加，透气率不断降低，织物的保暖性能越来越好，适合做冬季外衣。

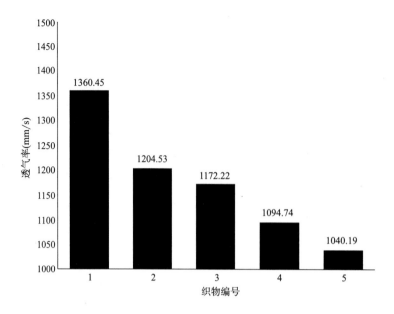

图2-15　貂毛/羊绒/黏胶/锦纶混纺织物的透气性能

2. 织物的悬垂性能

织物的悬垂性指的是织物在自然悬垂的状态下能够形成平滑且曲率均匀的曲面的特性。织物的悬垂性能主要由织物的悬垂系数来表征，织物的悬垂系数越小，其悬垂性就越好。影响织物悬垂性能的因素有纱线的结构、紧度、纤维的刚柔性等，纤维的刚柔性是其中最主要的因素。貂毛混纺织物的悬垂性能试验结果见表2-12。

表2-12　貂毛混纺织物悬垂性能

织物编号	静态悬垂系数（％）	波数（个）	波峰幅值均匀度（％）	波峰夹角均匀度（％）	动静悬垂系数之比	动态悬垂系数（％）
1	56.95	5.6	4.86	28.25	1.002	57.06
2	57.56	5.8	4.44	22.16	0.997	57.39
3	58.45	5.16	3.66	20.15	1.005	58.74
4	58.76	5.0	8.75	18.25	1.010	59.35
5	59.78	5.5	7.44	32.16	0.997	59.60

从表2-12可以看出，随着貂毛纤维含量的增加，混纺织物的动静悬垂系数都逐渐增大，即混纺织物的悬垂性能越来越差。这主要是因为貂毛纤维的初始模量比黏胶纤维高得多，纤维的刚性较大。

3. 织物的耐磨性能

织物在使用过程中，会受到化学的、物理的以及微生物等各种外界因素的作用，直至损坏，而损坏的主要原因是磨损。织物的磨损主要是织物中纤维或纤维间的联系受到损伤。影响织物耐磨性的因素主要有纱线与织物结构、纤维的机械性能和形态尺寸、染整工艺及使用条件等。由于各混纺比纱线纺制和织物织造的工艺是相同的，所以各种混纺比的织物结构相差不大，此时，织物的耐磨性就由纤维性能决定。

貉毛混纺织物经摩擦400转后的重量损失率如图2-16所示。

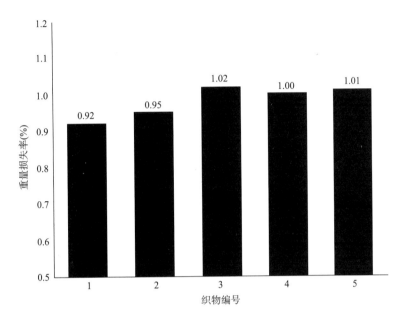

图2-16　混纺织物的重量损失率

随着貉毛纤维含量的增加，混纺织物的重量损失率逐渐增加，即织物的耐磨性越来越差。这主要是由于貉毛纤维的强度比黏胶的强度低。另外，由于貉毛纤维的弹性回复率较大，可以利用其优良的变形能力来缓解纤维间的摩擦，以此来提高混纺织物的耐磨性。总体来说，混纺织物的质量损失率较小，耐磨性较好，可以满足服用性能的要求。

4. 织物的顶破强力

拉伸强力测试不适宜针织物的特殊结构，所以主要采用顶破强力测试法测试其强度。某些衣着用品如手套、袜子及衣裤的肘膝部等，在服用过程中不断受到集中性负荷的顶压作用而遭到破坏，这种破坏方式称为顶破。拉伸试验测试的是织物单向强力，而顶破则可以测试织物各个不同方向所受到的负荷作用，是反映织物机械性能的重要指标，特别适用于针织物、三向织物及降落伞等。貉毛混纺织物的顶破强力见表2-13。

表2-13　貉毛混纺织物的顶破性能

织物编号	顶破强力（N）	顶破高度（mm）	顶破功（J）
1	257.7	12.81	0.173
2	255.1	13.05	0.163
3	234	13.60	0.150
4	225.9	13.88	0.144
5	247.3	12.89	0.166

针织物的顶破过程，是组成织物的各线圈如钩接强度试验一样连成一片，相互串套的线圈共同承受伸长变形，直至顶破。可以推知，如果组成针织物的纱线钩接强度越大，纱线的断裂强度越高，针圈密度越大（不能无限加大密度，否则，织物几乎没有伸长变形能力，反而会降低顶破强力），则织物的顶破强力越大。

观察到织物的顶破强力变化趋势与混纺纱的断裂强度趋势一致，说明组织结构相同时，对面料顶破强力影响最大的因素就是纱线的断裂强度。由于貉毛纤维断裂强度比黏胶纤维小，致使纺成的纱线间的钩接强度较小，另外，不同混纺比的纱线条干均匀度不同，也会导致纱线强度的不同。

5. 织物的保暖性能

纤维层中夹持空气的状态和数量决定了纺织材料的保暖性能。纤维层中夹持的静止空气越多，纤维层的保暖性能就越好。织物的保暖性能常用保温率、传热系数和克罗值三个指标来表征。貉毛混纺织物的保温性能指标见表2-14。

表2-14　貉毛混纺织物的保温性能指标

织物编号	保温率W（%）	传热系数U [W/（m²·℃）]	克罗值It（℃·m²/W）
1	37.9	16.98	0.449
2	39.8	12.85	0.398
3	39.1	12.9	0.481
4	40.7	12.81	0.547
5	43.2	11.05	0.571

由于传热系数越大，克罗值和保暖率越小，织物保暖性越差；传热系数越小，克罗值和保暖率越大，织物保暖性越好。所以对传热系数取倒数，对传热系数的倒数$1/U$、克罗值It、保温率W进行指标综合，综合指标为Z，三项指标图如图2-17所示。

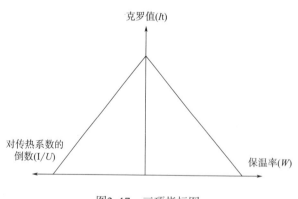

图2-17　三项指标图

为了体现三项指标对保暖性的影响均等，三项指标按同一数量级参与运算，运算公式如下：

$$Z=\frac{1}{2}\left(It/U\times 10^3 + It\times W_1\right)$$

保暖综合指标对比如图2-18所示，随着貉毛纤维含量的增加，混纺织物的保暖性也不断改善。一是因为貉毛纤维有较大的髓腔，织成织物后所包裹的静止空气较多，所以保暖性好；二是与图2-15中测得的透气率结果有关；三是与织物厚度有关。

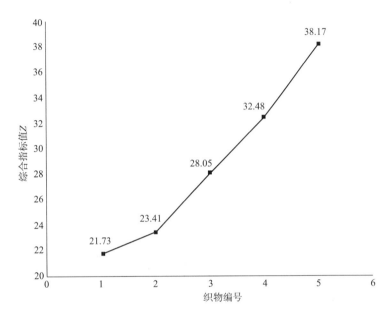

图2-18　保暖综合指标对比

（三）貉毛混纺针织物的应用

（1）貉毛混纺纱既可针织也可编织。

（2）貉毛与羊绒、黏胶、锦纶开发出的不同混纺比的织物，随着貉毛纤维含量的增加，其保暖性越来越好；悬垂性和透气性都是越来越差；耐磨性能先是变差，后基本保持不变；顶破强力是先减小后增大，且织物顶破强力变化趋势与混纺纱断裂强度趋势一致。

（3）根据不同的服用要求，选择合适的混纺比，利用貉毛纤维可以开发出集舒适性、保温性、美观性于一体的针织服装产品。

参考文献

［1］刘启国，侯秀良.细支绵羊毛、山羊绒纤维微观结构研究现状［J］.南通工学院学报，1999，15（4）：25-28.

［2］现代科学技术词典编委会.现代科学技术词典［M］.上海：上海科学技术出版社，1980：2431-2431.

［3］陆水平.动物保护概论［M］.北京：高等教育出版社，2009.

［4］吴晓民等.陕西特种养殖［M］.西安：陕西科学技术出版社，2001.

［5］张敏，白秀娟.提高貉毛皮质量的综合性技术措施（2）［J］.特种经济动植物，

2009（1）：3-5.

［6］于伟东，储才元.纺织物理［M］.上海：东华大学出版社，2002.

［7］郑卫宁. 有色羊毛和特种动物纤维的漂白［J］.天津纺织工学院学报，1996，15（4）：71-75.

［8］周谨.过氧化氢的催化接触漂白［J］.染整技术，2001，23（3）：20-21.

［9］KARUNDITU A，CARR C，DODD K，et al. Activated hydrogen peroxide bleaching of wool［J］.Textile Research Journal，1994，64（10）：570-572.

［10］HUSAIN S R，CILLARD J，CILLARD P. Hydroxyl radical scavenging activity of flavonoids ［J］.Phytochemistry，1987，26（9）：2489-2491.

［11］GACEN J，CEGARRA J，CARO M. Wool bleaching with reducing agents in the presence of sodium laurylsulphate. Part 2—bleaching with non - stabilised hydrosulphite ［J］.Journal of the Society of Dyers and Colourists，1989，105（12）：438-441.

［12］滑钧凯.毛和仿毛产品的染色与印花［M］.北京：中国纺织出版社，1996.

［13］郑超斌.毛皮褪色漂白工艺［M］.北京：中国轻工业出版社，1997.

［14］何瑾馨.染料化学［J］.北京：中国纺织出版社，2004.

［15］赵涛.染整工艺学教程：第二分册［M］.北京：中国纺织出版社，2005.

［16］王宜田.羊毛染色加工的新进展［J］.染整技术，1995，17（1）：19-20.

［17］RIPPON J A. The structure of wool ［J］.Wool Dyeing，2013：1-51.

［18］张振东，钮海丹，张庆.羊毛低温染色方法［J］.丝网印刷，2014（3）：33-36.

［19］RIPPON J，HARRIGAN F，RECORD W. New method for dyeing wool at temperature below the boil［J］.Wool Rec，1994，4：53-55.

［20］王雪梅. 天然染料及其开发应用［J］.浙江纺织服装职业技术学院学报，2010，3：19-24.

［21］贾高鹏. 天然植物染色研究概述［J］.成都纺织高等专科学校学报，2005，22（4）：9-11.

［22］胡皆汉，郑学仿.实用红外光谱学［M］.北京：科学出版社，2011.

［23］JOY M，LEWIS D. The use of Fourier transform infrared spectroscopy in the study of the surface chemistry of hair fibres ［J］.International Journal of Cosmetic Science，1991，13（5）：249-261.

［24］BYLER D M，SUSI H. Examination of the secondary structure of proteins by deconvolved FTIR spectra［J］.Biopolymers，1986，25（3）：469-487.

［25］周安杰. 天然蛋白质纤维的拉伸性能和结构分析［D］.上海：东华大学，2013.

［26］朱丽萍，陈慰来，张声诚，等.多组分羊绒混纺针织纱制备及其性能研究［J］.浙江理工大学学报，2008，25（6）：658-661.

［27］姚穆.纺织材料学［M］.2版.北京：中国纺织出版社，2014.

［28］王其.大豆纤维性能与导湿快干功能针织物研究［D］.上海：东华大学，2002.

第三章　负鼠毛纤维及其性能

　　负鼠毛因具有质量轻、保暖性佳和透气性好的特点，在世界毛纺织业中独树一帜。现在，纺织工艺已基本解决负鼠毛纤维的纺纱和织造问题，能够满足人们对负鼠毛织物的需求。负鼠毛纤维的拉伸强度较好，断裂伸长率高，具有中空结构，其织物具有良好的保暖性；负鼠毛摩擦效应非常高，且摩擦因数稳定，保证了纺纱过程工艺的稳定性。

一、负鼠毛纤维

　　负鼠，英文名称Possum，在动物学分类上属哺乳纲、负鼠目、绵毛负鼠亚科、鼠属，是一种比较原始的有袋类动物，主要产自拉丁美洲。北美和南美的负鼠是唯一生活在澳大利亚和它邻近岛屿之外的有袋动物。由于种类的多样性和超强的适应环境的能力，美洲负鼠走过了7000万年的漫漫长路。与现生美洲负鼠十分相似的化石，最早见于白垩纪晚期的地层中，可见负鼠科在有袋类中是一个相当古老的种群。负鼠及其毛皮分别如图3-1和图3-2所示。

 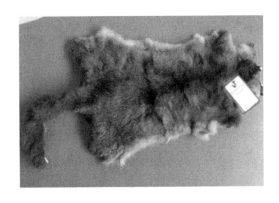

图3-1　负鼠　　　　　　　　　　　　　　　　图3-2　负鼠毛皮

　　新西兰的负鼠是从1850年开始由欧洲殖民者从澳大利亚引入新西兰的，其皮毛可以用于御寒；在1980年前后，新西兰全境内的负鼠数量达到高峰，共有六七千万只。从那时候开始，新西兰全境内开始控制负鼠的数量，目前估计大约有三千万只负鼠在新西兰境内生存。负鼠在新西兰是有害动物，而在澳大利亚是保护动物。

　　负鼠在新西兰是畜牧业和养殖业以及乳制品业的有害动物，因为它们是牛结核病的传播载体，由于负鼠会不停地流窜在各个地方，所以一旦载有病菌的负鼠抵达某个牧场，那这个牧场的牲畜被感染的风险会非常之高。负鼠在树林中也是有害动物，它们破坏植物的根部、侵害森林中居住的雏鸟并偷吃鸟蛋。新西兰负鼠毛有其经济价值，商人从猎人手中收购负鼠，并用负鼠的皮毛与羊毛纤维混合起来开发"生态皮草"。

目前，新西兰的负鼠皮行业每年大约可以扑杀和收集212万张负鼠皮，其经济价值目前已经达到1亿纽币，雇用人数超过1200人，可以预计具有良好保暖性能的负鼠毛织物将在市场上大受欢迎。

现在，新西兰出口到中国的主要是皮毛或皮草（fur）。负鼠皮纤维上有很多中空小孔，使得其保暖性能特别好，在零度以下也不会冻硬，非常暖和而且不会太热，具有呼吸的效能。

迄今为止，国内外从事负鼠毛纤维的研究者并不多见。西安工程科技学院的丁长旺、杨建忠等，采用卷曲弹性仪测试了负鼠毛纤维的卷曲特性，用扫描电子显微镜观察了负鼠毛纤维表面的鳞片形态，并且在与细羊毛和山羊绒纤维比较的基础上，对负鼠毛纤维的鳞片结构进行了分析。结果表明负鼠毛纤维表面鳞片形状主要由锯齿状、环状、瓣状、瓦片状组成，负鼠毛纤维的中空结构使纤维在光学显微镜下的透光性较好，但是对于负鼠毛的长度、细度、强伸性以及可纺性等并没有做进一步的研究，所以，目前对于负鼠毛纤维在纺织加工方面的应用尚有待进一步研究。

乌苏里貉毛与兔毛、马海毛、羊驼毛等特种动物纤维在纺织领域都有较好的研究和应用，但负鼠毛作为外来物种，还没有被作为纺织纤维进行系统的研究。

二、负鼠毛纤维性能
负鼠毛作为典型的蛋白质纤维，其基本性能和力学性能参数对纺纱织造工艺至关重要。

（一）负鼠毛的形态特征
1. 扫描电镜（SEM）观察鳞片特征
负鼠毛纤维纵向的扫描电镜照片如图3-3所示。

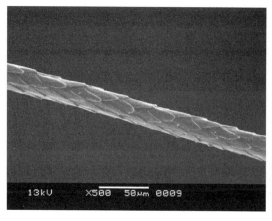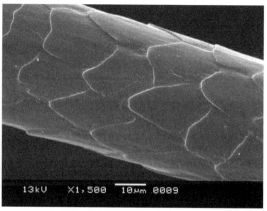

图3-3　负鼠毛纤维纵向扫描电镜照片

用扫描电子显微镜观察负鼠毛表面形态特征，发现纤维表面存在裂纹，从鳞片边缘的形状看主要呈锯齿状、环状、瓣状、瓦片状。鳞片高度高、倾角大，形态比较明显，细毛鳞片轮廓呈顶端锯齿状，鳞片与鳞片之间不是镶嵌连接。粗毛鳞片瓦片状密度较大，鳞片尖端覆盖鳞片根部，有些鳞片呈环状，与山羊绒鳞片形态相似。

负鼠毛纤维的鳞片特征与羊驼毛纤维有明显的差别，而与貉毛有相似之处：负鼠毛、貉毛鳞片边缘均有明显的翘起，且带有一定程度的尖角，且其鳞片的翘角明显大于常见的羊毛和羊绒。这种特殊的鳞片结构可提高负鼠毛的摩擦性能，为纺织加工提供足够的抱合力，有利于纺织加工的进行，同时也可能造成抱合力过强而引起织物毡缩现象严重。

2. 光学显微镜观察截面和髓质层特征

图3-4为负鼠毛纤维的髓质层结构特征，从图3-5所示的负鼠毛的截面形态照片可以看出，负鼠毛含有空腔结构，即使较细的绒毛也普遍存在中腔，而研究认为，中空结构可以使纤维集合体更加蓬松，同时包含更多静止空气，形成独特的保暖系统，增强织物的保暖性能，由此可以预测负鼠毛混纺织物的保暖性能优异。

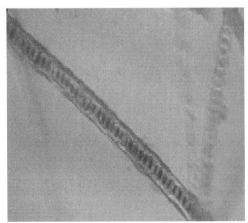 

图3-4　负鼠毛纤维髓质层结构特征

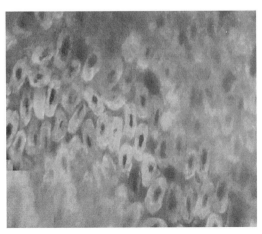 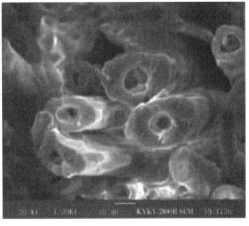

图3-5　负鼠毛截面显微镜照片

常见中空纤维空腔率见表3-1。

表3-1　常见中空纤维空腔率

纤维种类	空腔率（%）
貂毛纤维	56.5
兔毛纤维	33.3
负鼠毛纤维	72.4

从负鼠毛截面显微镜照片，可以看到位于纤维中心的空腔结构，髓腔较大。其中腔直径与纤维直径百分率最大可达72.4%。一般保暖性能好的天然纤维，例如，羊毛、木棉、羽绒等都具有空腔，特别是木棉，中空度为70%。由表3-1可知，貂毛纤维的中空度达56.5%，负鼠毛纤维的中空度高达72.4%，在国外也有负鼠毛与蚕丝混纺的先例，其保暖性能受到好评。与貂毛、兔毛相比，负鼠毛空腔较大，在用于织物时，可以储存更多的静止空气，有效地隔离外界冷空气，在不增加衣服的重量与厚度的同时，保证身体辐射热量不流失。

（二）负鼠毛纤维力学性能测试与分析

1. 负鼠毛纤维拉伸断裂性能

负鼠毛以及貂毛、山羊绒的基本性能参数见表3-2，负鼠毛、貂毛和山羊绒的拉伸性能测试结果见表3-3。

表3-2　部分纤维基本性能参数

纤维种类	平均长度（mm）	直径（μm）	细度（dtex）	标准回潮率（%）
负鼠毛	22.30	16.50	1.82	14.50
貂毛	59.50	16.55	2.52	15.60
山羊绒	41.30	15.00	3.15	15.00

表3-3　部分纤维拉伸性能参数

品种	断裂强力（cN）			断裂伸长率（%）			初始模量（cN/dtex）
	范围	平均值	$CV_S\%$	范围	平均值	$CV_E\%$	
负鼠毛	3.50	5.15	29.00	21.23～43.42	34.33	18.01	380.60
山羊绒	3.46～8.22	5.28	26.20	39.88～48.16	45.76	6.97	281.43
貂毛	2.29～5.94	3.69	29.33	41.50～67.44	53.03	18.35	186.98

由表3-2、表3-3可知，负鼠毛的长度虽短，但是细度、回潮率、强度等指标均与山羊绒、貂毛持平，虽然断裂伸长率不及山羊绒，但是负鼠纤维细度与山羊绒相同，那么在相同粗细的纱截面中纤维根数多、纱条均匀、手感柔软，纱中纤维与纤维之间的总接触面积大，虽然在纺纱时可能会产生滑脱现象，但是和弹性较好或长纤维混纺完全有可能实现，完全能

保证纺织加工和织物坚牢性的要求。

2. 负鼠毛纤维的卷曲弹性

纤维卷曲性能是纺织纤维可纺性的重要指标，与纺织工艺过程关系十分密切，对成品质量影响较大，因此，测试纤维的卷曲性能也是探索可纺性的必要实验（表3-4）。

表3-4　负鼠毛纤维卷曲弹性实验结果

编号	卷曲数（个/25 mm）	L_0（mm）	L_1（mm）	卷曲率（%）	L_2（mm）	回复率（%）	弹性率（%）
平均	5.2	28.46	30.23	5.78	28.62	5.25	90.37
变异	46.7	11.09	11.83	19.03	11.21	24.62	11.80
最大	8.0	35.13	37.57	7.38	35.62	7.27	99.89
最小	2.0	25.41	26.69	3.96	25.75	3.53	73.54

其中，L_0是指纤维在0.00176 cN/dtex的轻负荷张力下测得的长度值；L_1是指纤维在0.0883 cN/dtex的重负荷张力下测得的长度值；L_2是指纤维重负荷张力释放后，经一定的时间回复，再在轻负荷张力下测得的长度值。

纤维卷曲度与纤维的摩擦力、抱合力、可纺性、成纱强力和纺织品性能有密切关系。卷曲度大，抱合力强，在纺纱加工时，毛条的断裂长度大，道夫速度高，毛网状态好；而纤维卷曲度小时，需要在加工时予以注意。负鼠毛卷曲个数较少，但是由于其优异的保暖性能和可以与山羊绒匹配的细度，可以选取长羊毛或者锦纶、蚕丝和负鼠毛进行混纺，进而充分利用其各自性能。

3. 负鼠毛纤维摩擦性能

毛纤维表面的鳞片结构使得毛纤维具有摩擦效应，能够直接影响毛纤维的生产加工和织物的毡缩性。不同种类的毛纤维有着不同的鳞片结构，因而在加工过程中对应不同的工艺。一般纺织纤维的摩擦因数见表3-5，负鼠毛纤维的摩擦实验如图3-6所示。

表3-5　一般纺织纤维的摩擦因数

品种	静摩擦因数		静摩擦效应（%）	动摩擦因数		动摩擦效应（%）
	逆鳞片	顺鳞片		逆鳞片	顺鳞片	
负鼠毛	0.4989	0.3035	24.35	0.4793	0.3007	22.90
貉毛	0.5567	0.2707	34.60	0.3720	0.2456	20.50
羊绒	0.2705	0.2078	13.10	0.3303	0.2242	19.10
羊毛	0.6100	0.1300	60.00	0.3800	0.1110	55.10
锦纶	0.47		—	0.40		—
棉纤维	0.48		—	0.20		—

由表3-5的测试结果可以看出，在纤维摩擦实验中，负鼠毛的静摩擦因数高于其他几种纤维，而稍小于貂毛纤维和羊毛纤维，而动摩擦因数均大于貂毛、羊绒、羊毛、锦纶、棉纤维。总体来说，负鼠毛摩擦效应非常高。

由图3-6可知，在摩擦因数高的同时，其摩擦因数稳定，具有均一性，保证了纺纱过程工艺的稳定性；这主要是由于负鼠毛纤维的鳞片翘角度较大，细毛鳞片轮廓呈顶端锯齿状，鳞片与鳞片之间不镶嵌连接造成，在加工纺纱过程中，良好的抱合力可以使纤维梳理和牵伸过程顺利进行，使得纤维手感饱满。同时，这也使得负鼠毛织物具有良好的缩绒性能，即负鼠毛织物具有卓越的保暖性能。

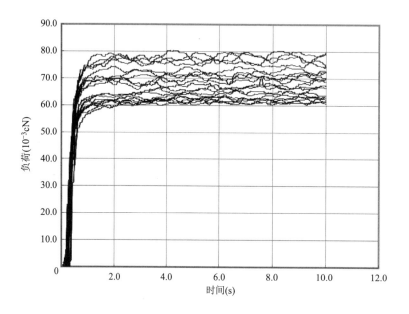

图3-6　负鼠毛纤维的摩擦实验图

（三）负鼠毛纤维毡缩性能研究

1. 负鼠毛纤维的防毡缩工艺

因为蛋白酶在不同pH和温度下的活力不同，实验环境对最终纤维的鳞片处理结果有很大影响，实验中对纤维进行了以下系列处理。

（1）纤维的氧化处理。常温下，配置过氧化氢3%～6%，焦磷酸钠1～2 g/L，平平加1%混合溶液，将纤维置于混合溶液中反应一定时间（20～40 min）。

（2）纤维的还原处理。

①将温度升至30～40℃，加入亚硫酸氢钠6%～8%，反应20 min。

②加入碳酸钠2 g/L，反应15 min。

（3）蛋白酶处理纤维。调节pH范围在7.5～8.5，加入蛋白酶反应30 min。

（4）蛋白酶失活处理。升温至70～80℃，调节pH范围在3～4.5，反应10 min。

实验方案如图3-7所示。

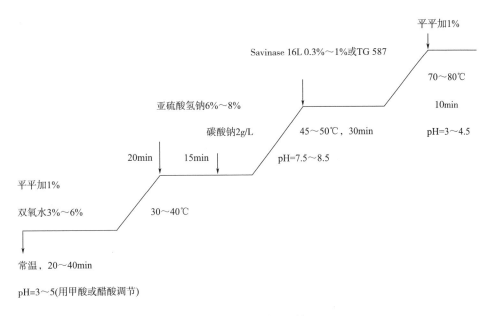

图3-7　实验流程图

2. 负鼠毛纤维防毡缩处理后性能分析

（1）蛋白酶处理毛纤维前后的形貌分析。实验制备的负鼠毛纤维经蛋白酶处理前后的纤维鳞片SEM图对比如图3-8所示。

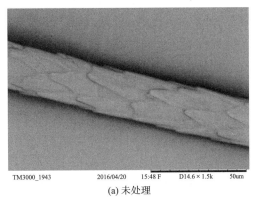

(a) 未处理

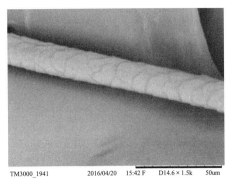

(b) Savinase蛋白酶处理

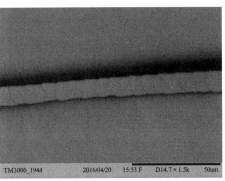

(c) TG587蛋白酶处理

图3-8　负鼠毛纤维经蛋白酶处理前后的纤维鳞片SEM图对比

负鼠毛未经蛋白酶处理前，鳞片形状主要呈锯齿状，且鳞片高度高、倾角大，形态比较明显；而经蛋白酶处理后的毛纤维鳞片基本呈环状，且均匀，相对于Savinase蛋白酶，TG587蛋白酶的处理效果明显较好，处理鳞片均匀且动静摩擦因数较小。

（2）蛋白酶处理负鼠毛纤维前后的摩擦性能分析。蛋白酶处理后的纤维摩擦性能见表3-6。

表3-6 蛋白酶处理后的负鼠毛纤维摩擦性能

编号	处理方式	$f_{静}$（10^{-3} cN）	$\mu_{静}$	$f_{动}$（10^{-3} cN）	$\mu_{动}$	提高率（%）
1	TG587	42.1	0.1774	41.2	0.1728	53.30
2	Savinase	55.5	0.262	53.7	0.2485	31.00
3	未处理	69.1	0.3796	68.3	0.3709	0.00

蛋白酶处理后的负鼠毛纤维摩擦实验图如图3-9所示。

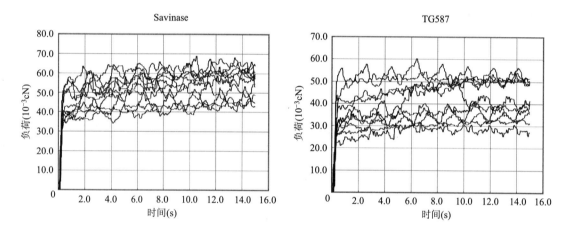

图3-9 蛋白质酶处理后的负鼠毛纤维摩擦实验图

由图3-9可以看出，纤维经不同蛋白酶处理后，摩擦性能得到了明显降低；由表3-6可知，Savinase蛋白酶处理后的负鼠毛纤维摩擦因数较之前减少了31.00%，TG587蛋白酶处理后的摩擦因数较未处理负鼠毛纤维减少了53.30%，说明蛋白酶用于毛纤维摩擦性能的改善效果较好，且TG587的效果更明显。但就处理后的均一性来看，Savinase蛋白酶的效果较好，TG587处理后的负鼠毛纤维摩擦因数波动性较大，需要进一步改善处理工艺，使得负鼠毛纤维的摩擦性能更均匀，从而有利于纺织生产。

三、负鼠毛纤维混纺纱性能

原料的品种在很大程度上决定了产品的风格，原料组合的不同可以开发出不同的产品；相同的原料组合，纺纱或织造工艺的不同也可以开发出不同风格的混纺纱线，因此，原料的多样化有利于开发出不同的产品。负鼠毛纤维重量轻，保暖性佳，透气性好，还具有媲美于山羊绒的细度以及可预测的保暖性能。探究负鼠毛纤维混纺纱线的各项基本性能，可以为以后相关面料的开发提供参考。

（一）负鼠毛纤维预处理

由于空腔结构的存在，负鼠毛纤维的密度较小，比电阻较大，在纺纱过程中极易产生静电且难以除去。借鉴生产过程中，羊绒纤维或锦纶的除静电过程，可以通过调节纤维的摩擦性能，防止或消除静电积累，赋予纤维平滑、柔软等特性，减少纤维在纺纱过程中产生绕皮辊、绕罗拉的现象。负鼠毛纤维较短，在纺纱过程中也会出现抱合力不足的现象。因此，为了解决纤维间抱合力差和静电现象问题，必须在纺纱过程中添加抗静电油剂。

负鼠毛纤维经分选、开松、洗净烘干后，与其他纤维按相应比例进行均匀混合。再将混合均匀的纤维在封闭的空间内喷入配好的和毛油、防静电剂及助剂，喷匀后装入塑料袋中封严。预置48 h进行养生闷毛处理，使油水均匀渗透。

（二）纺纱工艺

粗纺原料→和毛加油→梳毛［日本京和（KYOWA）四联式单过桥梳毛机］→细纱［日本京和（KYOWA）走锭机］→络筒（AC5型络筒机）→并线（ARD.L型并线机）→倍捻（VT5-07型倍捻机）。

1. 梳毛

梳毛是决定负鼠毛纤维成纱质量的关键工序。由于负鼠毛纤维较短，纺纱过程中容易出现纤维飞毛，最终造成毛纱毛粒较多，细纱断头增加，成纱质量也会受到影响。因此，梳毛工艺采用了低速度、小速比、缓和的梳理工艺，各梳理辊形成的气流减小，纤维损伤减少，飞毛下降，温度控制在25℃及以上，相对湿度为50%～60%，减少纺纱过程中纤维缠皮辊、缠罗拉的现象。

梳毛主要工艺参数见表3-7。

表3-7 负鼠毛梳毛主要工艺参数

项目	喂毛定量 （g/次）	喂毛周期 （s）	锡林转速 （r/min）	刺辊转速 （r/min）	道夫转速 （r/min）	盖板速度	粗纱定重	出条速度
参数	300	60	250	700	25	150	3.85	12.80

2. 细纱

细纱部分采用日本京和（KYOWA）走锭机，是一种周期性动作的纺纱机，细纱被分段纺成，与环锭细纱机相比，由于走锭细纱机边牵伸边加捻的纺纱方式，捻度向出条罗拉握持点传递，使捻度在纺纱段均匀，有利于减少细纱断头，获得优良的条干，且纺纱时纱条受到较小的张力，细纱条干均匀度得到提高。

（三）负鼠毛纤维混纺纱基本性能

1. 原料性能

参与混纺的纤维原料性能分别如下。

（1）负鼠毛。重量轻，保暖性佳，透气性好等性能优良。

（2）羊绒纤维。外层鳞片细密、光滑，重量轻、柔软、韧性好；作为织物穿着时，轻、软、柔、滑，非常舒适，是任何纤维无法比拟的。

（3）锦纶。合成纤维，其最突出的优点是耐磨性高于其他所有纤维，比棉纤维耐磨性高10倍，比羊毛高20倍，在混纺织物中稍加入一些聚酰胺纤维，可大大提高其耐磨性。

负鼠毛混纺纱生产选用的各组分纤维性能指标见表3-8。

表3-8　负鼠毛混纺纱各组分纤维物理性能指标

纤维种类	平均长度（mm）	细度（dtex）	断裂强度（cN/dtex）	断裂伸长率（%）	回潮率（%）
负鼠毛纤维	22.30	1.82	1.49	46.9	14.5
羊绒纤维	41.30	3.15	1.59	40.0	15.0
锦纶	38.0	1.67	4.90	50.1	4.5

2. 负鼠毛纤维混纺纱的拉伸性能

纱线强度是纱线内在质量的反映，是纱线具有加工性能和最终用途的必要条件，是纺织生产中最主要的常规检验项目之一。负鼠毛纤维断裂伸长率和断裂强力的测试结果见表3-9。

表3-9　负鼠毛混纺纱线的力学性能

试验编号	强力（cN）	伸长率（%）	强度（cN/tex）	模量（cN/dtex）
1	239	10.7	9	14.5
2	303	16.5	11	15.9
3	273	12.9	10	20.2
4	235.5	7.3	8	17.3
5	316.5	15.3	11	13.5
平均值	273.4	12.5	10	16.3
CV（%）	13.4	29.4	13.3	16.1

由表3-9可以看出，负鼠毛混纺纱的断裂强度均值为10 cN/tex，且强力平均值和断裂伸长率都比较稳定，说明了纱线的强力和伸长率比较一致，能够连续应用于生产。由于针织用纱一般对纱线强度无特殊要求，273.4 cN的纱线强力能够满足织片要求，因此，可以利用负鼠毛混纺纱线开发出具有新性能且满足市场需要的针织物。

同混纺比的貉毛、羊绒、锦纶混纺纱线断裂强度均值约为11.65 cN/tex，高于负鼠毛混纺纱的断裂强度均值10 cN/tex，这是由于负鼠毛长度较短，在拉伸时滑脱造成断裂强度较小。因此，可以探索提高锦纶的混纺比或者与蚕丝混纺，以开发出更优性能的负鼠毛混纺纱线。

3. 混纺纱条干均匀性

条干均匀度仪是目前被实验室和工厂广泛，用来测量纱条随机性不匀和周期性不匀，能够衡量纱条轴向粗细不匀程度、控制半成品或成品质量，并可以利用纱线条干的值来评定纱线的质量。

测试分五组，纱线为28^s/2股，混纺纱的条干不匀率测试结果见表3-10。

表3-10　负鼠毛纤维混纺纱条干不匀率

试验编号	1	2	3	4	5	平均值	CV（％）
不匀率（％）	13.02	11.8	11.48	12.76	11.94	12.2	5.39

由于负鼠毛纤维的长度较短，细度离散性较大，纺纱过程中，因纤维随机排列而引起的不匀较为明显，从而造成成纱的不匀率较大。而上述测试只针对一种混纺比纱线，即与锦纶及羊绒纤维混纺，从表3-10来看，纱线的条干不匀率平均值为12.2％，说明对于更好的混纺比和不匀率之间的关系需要更深层次的研究，但就生产实践来说，纱线的强度和均匀性已满足了织物的要求，可以用于织物织造。

四、负鼠毛纤维混纺针织面料性能

舒适感和耐久性是消费者选购服装时的重要依据，对负鼠毛纤维最突出的保暖性和服用舒适性能进行综合考察，以更好地指导该类产品的开发。

（一）负鼠毛混纺针织物试样制备

设计用电脑横机分别编织了负鼠毛和貂毛的1+1罗纹组织织物，并进行基本性能测试。由于织造张力作用，织物下机后不能直接进行测试，所以，本次测试中试样下机后在标准大气条件下将罗纹织物平铺静置24 h，使织物松弛平衡，然后测量织物的相关尺寸和参数。纱线规格和织物规格见表3-11、表3-12所示。

表3-11　混纺纱线规格

纱线编号	纱线品种	混纺比（％）	支数（公支）
1	锦纶/负鼠毛/羊绒	10/30/60	28/2
2	锦纶/貂毛/羊绒	10/30/60	28/2

表3-12　针织物试样规格

织物编号	成分	混纺比（％）	克重（g/m²）	厚度（mm）	纵密（线圈/5 cm）	横密（线圈/5 cm）
1	锦纶/负鼠毛/羊绒	10/30/60	1400	2.57	47	36
2	锦纶/貂毛/羊绒	10/30/60	1432	2.61	47	36

（二）负鼠毛混纺针织物的性能

1. 透气性

负鼠毛纤维截面为中空结构，纤维的中空结构和面料中的纤维集合体之间形成多重毛细管，构成一个优良的导湿透气系统，可以显著地提高织物的导湿透气性。

实验分别测试了10个1+1罗纹负鼠毛和貂毛混纺针织物试样，透气率测试结果见表3-13。

表3-13 1+1罗纹负鼠毛和貂毛混纺针织物透气性能对比

透气率（mm/s）次数 织物	1	2	3	4	5	6	7	8	9	10	平均值	CV（%）
负鼠毛织物	925.4	886.1	896.8	913.5	876.5	886.9	909.1	913.7	920.6	903.6	903.2	1.8
貂毛织物	875.3	896.4	876.7	843.7	896.4	912.4	895.3	904.7	903.2	894.4	889.8	2.2

由表3-13可知，负鼠毛、貂毛混纺针织物透气率均在843～1000 mm/s，但负鼠毛混纺织物的透气率平均值（903.2 mm/s）高于同组织的貂毛混纺针织物（889.8 mm/s）。相对来说，总体透气性较好，但织物的透气性是多因素综合作用的结果，组织结构或者纱线混纺比不同，都会使得织物的透气率不同。而负鼠毛纤维作为中空纤维，具有高达70%的中空率，空气通过织物时，空隙多、通道畅通，加上针织物自身的结构，从而使得织物导气性较好。

2. 顶破性能

不同组织的织物拉伸性能不同，顶破测试因为使用试样小，可以反映织物多方向受力信息等，被广泛应用于针织物测试。因为此时的受力接近织物实际穿着情况，如在人体肘部、膝部、臀部以及指端等部位受力情况下的织物性能，因此，顶破测试常常被用来考核针织产品的牢度。

实验分别测试了10个1+1罗纹负鼠毛和貂毛混纺针织物试样，顶破性能测试结果见表3-14所示。

表3-14 1+1罗纹负鼠毛和貂毛混纺针织物顶破性能对比

顶破强力（N）次数 织物	1	2	3	4	5	6	7	8	9	10	平均值	CV（%）
负鼠毛织物	302.8	304.4	299.8	294.8	305.6	312.3	304.9	289.7	299.4	313.4	302.7	2.4
貂毛织物	343.2	353.3	327.9	347.8	353.6	349.7	360.5	344.6	354.2	339.8	347.5	2.6

织物顶破拉伸时，拉伸变形与织物的原料、组织结构、密度息息相关，1+1罗纹组织有纵行覆盖的结构，横向拉伸时，首先是隐藏的线圈露出，之后才开始出现线圈结构等的变化。所以，罗纹组织试样表现出容易变形的特性，且变形较大，由表3-14可以看出，貉毛混纺针织物的顶破强力均值为347.5 N大于负鼠毛混纺针织物的302.7 N，这是由于貉毛的纤维长度远大于负鼠毛纤维的长度，在拉伸变形后期，纱线中的负鼠毛短纤维滑脱造成纱线断裂。但总体来讲，负鼠毛混纺针织物顶破强力均值在300 N以上，说明该织物能够满足生产及服用要求，可以应用于实际生产。

3. 织物的耐磨性能

织物在穿着和使用过程中会受到各种摩擦，这不仅会引起织物性能的改变，而且还影响织物的外观使用等。纺织产品的耐磨性能检测有多种方法，例如，平磨法、曲磨法、折边磨法和复合磨法等。马丁代尔法属于平磨法的一种，被广泛应用于服装、家用纺织品、装饰织物、家具用织物的耐磨性检测；表征耐磨性的指标很多，如织物试样磨损的测定、质量损失的测定、外观变化的评定。

实验分别测试了5组1+1罗纹负鼠毛和貉毛混纺针织物试样，每组10个，经500转后的重量损失率见表3-15。

表3-15　1+1罗纹负鼠毛和貉毛混纺针织物耐磨性能对比

重量损失率（%）　　组别　织物	1	2	3	4	5	平均值	CV（%）
负鼠毛织物	1.13	0.96	1.07	1.03	1.08	1.05	6
貉毛织物	0.93	0.94	0.86	1.01	0.96	0.94	5.7

由表3-15可知，貉毛混纺针织物的重量损失率较负鼠毛混纺针织物低，这是因为在同比例混纺纱线的情况下，貉毛纤维的长度较长，在摩擦过程中耐磨性较好，不易断裂滑脱。但总的来讲，负鼠毛混纺针织物的重量损失率较低，满足服用要求，主要是因为混纺织物中锦纶的加入，使得织物强力及耐磨性增加。这也说明作为短纤维的负鼠毛，如果应用于生产实践，需要与长纤维，如锦纶、羊绒、蚕丝等进行混纺。这样既可以充分利用负鼠毛纤维的良好保暖透气性能，又可以增强织物的耐磨及强力，使得负鼠毛织物可以满足服用性能的要求。

4. 织物的保暖性能测试

保暖性是指人体着装以后，当环境温度较低时，防止人体散热的功能，或对人体保温的性质。保暖性大小主要与纤维材料的形态和性能，以及服装材料的结构与性能相关。织物的保暖性能常用保温率、传热系数和克罗值这三个指标表征。生产实践中，一般从"环境—服装—人体"整体系统出发，克罗值（CLO）常常用来表征纺织品的保暖性。克罗值越大，其织物保暖性就越好，克罗值越小，织物保暖性越差。保暖性测试结果如图3-10所示。

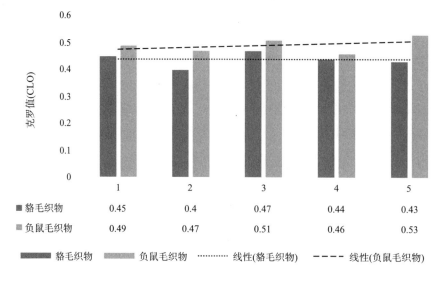

图3-10 保暖综合指标区分

负鼠毛和貉毛的中空结构可以使纤维集合体更加蓬松，同时包含更多的静止空气，形成独特的保暖系统，增强面料的保暖性能。国内学者已经对貉毛织物保暖性进行了一定的研究，因需要对实验试样保持一定的变量，特选取了两种同样混纺比的同组织织物进行保暖性测试。从图3-10可以计算出，负鼠毛织物的保暖效率比貉毛织物好，提高了约12.30%，这说明了负鼠毛有较好的保暖性，可以作为保暖产品。

（三）负鼠毛混纺针织物的应用

（1）负鼠毛混纺纱可用于针织和手工编织工艺。

（2）负鼠毛混纺罗纹组织试样表现出容易变形的特性，变形较大，顶破强力均值在300 N以上，说明该织物能够满足生产要求，可以应用于实际生产。

（3）负鼠毛混纺针织物透气率在886～926 mm/s，总体透气性较好。

（4）负鼠毛纤维需要与长纤维，如锦纶、羊绒、蚕丝等纤维进行混纺，这样既可以充分利用负鼠毛纤维的良好保暖透气性能，又可以增强织物的耐磨及强力，使得负鼠毛织物可以满足服用性能的要求。

（5）负鼠毛的中空结构可以使纤维集合体更加蓬松，同时包含更多的静止空气，形成独特的保暖系统，增强面料的保暖性能。

可以根据不同的服用要求，开发更多混纺比的负鼠毛纱线，从而开发出集舒适性、保温性、美观性于一体的产品。

参考文献

［1］赵绪福.产业链视角下中国农业纺织原料发展研究［M］.武汉：武汉大学出版社，2006.

［2］LIANG LONG，Y.C.. Constantly accelerate transformation of wool industry Exclusive interview with Huang Shuyuan，President of China Wool Textile Industry Association［J］.

China Textile，2016，1：34-35.

［3］吴佩云.几种动物毛纤维的结构与性能研究［J］.上海纺织科技，2008，36（12）：47-50.

［4］纪维红.新西兰的负鼠——一场尚未完结的与外来入侵有袋类的较量［J］.生物多样性，2002，10（1）：98-105.

［5］GARSIDE G. A good yarn［J］.Data Processing，1982，24（5）：33.

［6］Fibres and fabrics：Possum fur yarn makes double debut at New Zealand Fashion Week. Political and economic conditions impede MMF industry. 3D fabrics conference to be held in North Carolina.- Melton fabric inspires cushions.- Hawick Knitwear launches Ce［J］. Textile Month，2014：38-39.

［7］丁长旺，杨建忠，宋庆文，等.负鼠毛的形态结构［J］.毛纺科技，2012，40（11）：50-52.

［8］杨静茹.动物毛皮纤维鉴别方法的研究［D］.上海：东华大学，2014.

［9］吴琼.基于数字图像处理的羊绒和羊毛纤维鉴别研究［D］.武昌：湖北工业大学，2015.

［10］苏红莎.貉毛纤维染色及混纺针织物性能研究［D］.上海：东华大学，2015.

［11］周昊.羊绒纤维表面聚合物修饰及其性能研究［D］.杭州：浙江理工大学，2013.

［12］王晓.改性中空涤纶纤维性能和针织物研究［D］.上海：东华大学，2011.

［13］鲍燕萍，吴兆平.纺织材料实验技术［M］.北京：中国纺织出版社，2004.

［14］WANG Chunyan，LIU Licheng . The Creativity of Modern Fiber Art and Textile Fabrics［A］. 2011：4.

［15］YUEN C W M. Improving Anti-felting Property of Wool Fibre with Plasma-enhanced Polymer Film Deposition Process［C］. 2010.

［16］张茜.羊毛织物生态防毡缩整理的研究［D］.天津：天津工业大学，2006.

［17］LI Xun，CAI Zaisheng . The anti-felting property of wool treated by the atmospheric pressure plasma technique［A］.Proceedings of 2006 China International Wool Textile Conference IWTO Wool Forum［C］. 2006：7.

［18］黄淑珍.毛纤维缩绒性测试［M］.北京：纺织工业出版社，1988.

［19］洪杰，吴佩云，莫靖昱，等.羊绒，兔绒，驼绒纤维拉伸性能研究［J］.毛纺科技，2009，37（11）：49-51.

［20］王云龙，王新敏，何海涛，等.绵羊毛桑丝蛋白纤维混纺纱的生产［J］.棉纺织技术，2010（12）：49-51.

［21］XIA Z P，LIU L F. Studying the mechanical properties of jute/cotton blended yarns using the weibull model［J］. Journal of Donghua University，2009，26（4）.

［22］王彪正.羊绒纱线强力影响因素的分析探讨［D］.天津：天津工业大学，2006.

［23］吴有恭.如何改善和降低毛纱线条干不匀率［J］.广东科技，2013，22（8）：230-231.

［24］XU X L，HUANG G，LI P L. Research on evenness of woollen cashmere yarn［J］. Journal of Donghua University，2009，26（5）：524-527.

［25］李婕，郑天勇.织物结构对织物透气性能影响的研究［J］.天津纺织工学院学报，1998，17（4）：94-95.

［26］姜为青，樊理山.薄型精纺毛织物透气性与织物结构参数的关系［J］.毛纺科技，2007（10）：45-47.

［27］王敏，温箐，谢火胜.针织物顶破强力测试方法对比分析［J］.中国纤检，2010（12）：40-42.

［28］王为诺，SHI L M，GUO R P，et al. Design and Research on Improving Abrasion Resistance of Pile-faced Knitwear［J］.中国纤检，2012，2：56-58.

［29］张雪晶，刘广平，张海燕，等.竹炭纤维针织物性能的研究［J］.针织工业，2006，11：51-52.

［30］陆水峰，王光明，邵建中.热传导与羊毛织物保暖性的关系［J］.毛纺科技，2007（8）：47-50.

［31］王国振.充分开发利用羊毛绒保暖制品［J］.中国纤检，1998（1）：40.

第四章　马海毛纤维及其性能

马海毛纤维因其具有强度高、弹性回复率高、抗皱能力强、耐磨性和吸湿性好、防污性强、染色性好、不收缩、不易毡缩等优异的纤维特性而备受消费者喜爱，它绒毛丰满柔软，华丽高贵，且属于多用途纤维，可纯纺或混纺织制男女西服衣料、提花毛毯、装饰织物、长毛绒、运动衣、人造毛皮、花边、饰带以及假发等，再加上马海毛纤维的总体产量很低，从而导致其价格不菲，属于高级纺织品。

一、马海毛

"马海毛"得名于土耳其语的发音"Marhe"的音译，其实就是安哥拉山羊毛，还有一种说法："马海"一词来源于阿拉伯文，意为"似蚕丝的山羊毛织物"，后来成为安哥拉山羊毛的专称。马海毛具有纤维柔软、坚牢度高、耐用性好、不毡化、不起毛起球等特性，特别是马海毛纤维外表的鳞片少而平阔，紧贴于毛干，很少重叠，有竹筒般的外形，从而使纤维表面光滑，能产生蚕丝般的光泽。马海毛富有弹性，光泽明亮，适宜纺出优质毛纺产品，是优质的毛纺原料。上等马海毛最突出的特点是毛纤维粗而长，纤维弹性极好，光泽特别强，纤维表面既平滑又光亮，不缩绒。但是由于安哥拉山羊目前尚无法完全实现人工圈养，只能在丘陵灌木中生长，而且只有在8岁之前所产羊毛才能达到纺织标准，因此，马海毛目前仍属高档纺织原料，全世界每年的产量不过26000 t左右。世界上马海毛主要的生产国家是：澳大利亚、南非、美国、土耳其、阿根廷、莱索托等，其中南非、土耳其和美国遂成为马海毛的三大产地。

安哥拉山羊（图4-1）起源于土耳其的安哥拉省，是一个古老的培育品种，因为所产的毛光泽良好，称昂哥尔毛或马海毛，是别具一格的毛纺原料，引起各畜牧业国家和纺织业的重视。安哥拉毛用山羊全身为白色，杂色者极少见，毛被是由波浪形或螺旋状的毛辫组成，毛辫长可垂至地面、头部及腿部，生长短刺毛。

安哥拉毛用山羊每年剪毛两次，每次剪的毛长15 cm左右，若一年剪毛一次，毛长30 cm左右。优良的公羊剪毛量都很高，每只羊剪毛量：公羊4.5~6 kg，母羊3~4 kg。土耳其全国共500多万只山羊，平均每只羊剪毛1.7 kg，净毛率68%~85%。

安哥拉山羊毛属同质毛，结实、富有弹性，毛的光泽明亮，有玻光或丝光，光泽强、伸度大、同质性好、纤维长而极富弹性；在组织结构上，皮质层发达，有髓纤维少，鳞片面积大，表面光滑，紧贴于毛干之上。在毛纺原料中，马海毛、山羊绒、羊驼毛、驼马毛、长毛

图4-1 安哥拉山羊

兔毛等归属为特种动物纤维。安哥拉山羊毛纤维属特种刚毛纤维马海毛类,纤维由鳞片层、皮质层、髓质层组成,纤维截面近似圆形(图4-2)。

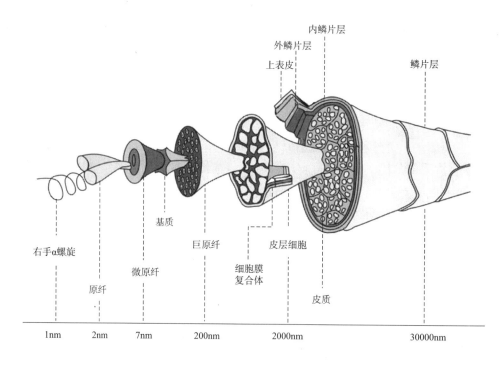

图4-2 马海毛纤维的结构

毛纤维越细,其品质越优。马海毛因独特的染色特性及可与其他纺织纤维混纺的性能,被广泛用于时装、装饰织物及工业布料。优质的马海毛可以制造衣料,品质差的马海毛可以制造车辆窗帘、毛毯、人造皮毛等物品。当前马海毛价格在国际市场上增长很快,如1971年是细毛羊毛价的一倍,自1972年以后,国际市场需求日益增加,产量供不应求,猛增到绵羊毛价的2.7倍,而目前上升到绵羊毛价的4倍,毛的品质好,运用新的纺织技术,能织出高级衣料，制作的服装轻便、保暖、经久耐用，深受欢迎。

安哥拉山羊的毛被基本上由两型毛组成，有些羊只含有3%～5%的粗而短的发毛。按照毛辫的形状，可分螺旋形和波浪形两种。从纺织价值上看，以波浪形毛辫弯曲较好，这种类型的羊个体大、毛较粗、毛色呈悦目的丝光，毛的强度大、可纺性能好，毛的细度为40～46公支（34～43 μm），幼龄周岁羊毛的细度为50～56公支。随着年龄的增长，毛的细度也逐渐变粗，质量变差。故幼年（一周岁以内）马海毛品质最佳，1岁马海毛次之，成年马海毛更次（图4-3）。

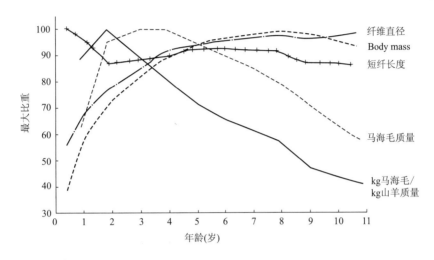

图4-3　安哥拉山羊年龄对纤维特性的影响

（一）马海毛的分级

1. 套毛类型

根据毛簇形状，马海毛的套毛可以分为紧毛簇套毛、松毛簇套毛和绒毛簇套毛三种主要类型。紧毛簇的卷曲几乎遍及整个长度，只有十分细的马海毛才具有这种特征；松毛簇通常呈波形，并形成疏松的套毛，这种簇通常可产生较多的剪毛并且毛质优良；绒毛簇套毛或称稀松套毛的品质可能属最次。在用刷子刷理时，纤维容易断裂并能大量扯下，因此是不受欢迎的类型。改良安哥拉山羊及其马海毛的最主要问题是消除死毛，它会使套毛价值受到严重影响。马海毛的长度一般为100～150 mm，最长可达200 mm以上，马海毛细度级别规定如下：

低配马海毛（青壮羊毛33～36 μm）：青壮年马海毛；

高配马海毛（幼羊毛28～32 μm）：幼马海毛；

顶配马海毛（羔羊毛25～26 μm）：优质幼羔马海毛。

2. 得克萨斯马海毛的分级

在美国得克萨斯州，早春产羔。秋季羔羊生长至6～7个月时初剪，此时是最细的"羔羊秋毛"；到下一年春，山羊约一岁时第二次剪下"羔羊春毛"；再到秋季，山羊长到一岁半，剪下"周岁马海毛"；第四次及以后剪下的则为"成年马海毛"。表4-1列明了得克萨斯马海毛分级委员会作为分级基础的净毛率及纺纱支数规定。

表4-1 德克萨斯马海毛的分级

级别	净毛百分率（%）	纺纱支数（公支）
1级羔羊马海毛	90	36～40
2级羔羊马海毛	85	30～36
1级成年羊马海毛	70	28～30
2级成年羊马海毛	70	24～26
3级成年羊马海毛	70	20～22
4级成年羊马海毛	90	16公支及以下

3. 土耳其马海毛的分级

土耳其出口的马海毛可分为以下两种。

（1）依萨斯·铁夫铁克勒。甲种马海毛。包括初剪毛、二剪毛、最好的混合马海毛、良好的混合马海毛、品质一般的马海毛、Kastambol马海毛、Konia山地马海毛、Konia平原马海毛、Gingerline马海毛。

（2）塔力·铁夫铁克勒。乙种马海毛。乙种马海毛分八级：色污毛、油脂毛、毡化短毛、黄色毛、皮板毛、轻污毛、Gingerline的剔除毛、草刺毛。

4. 南非马海毛的分级

南非生长马海毛的山羊是土耳其安哥拉山羊与南非本地品种经过长期杂交育成的。所产马海毛等级较高，相当于最好的土耳其马海毛品质。南非气候和一般条件适合饲养这种山羊。南非马海毛的颜色一般不如白色马海毛那样明亮。每年有夏季和冬季两次剪毛。主要级别如下：

（1）南非初剪马海毛。这是年轻羊第一次剪下的马海毛，相当于羔羊毛。长度为15.24～17.78 cm（6～7英寸），光泽很好，棕色，非常柔软。

（2）南非一级马海毛。这是较长的夏毛。长度为20.32 cm（8英寸），光泽很好，颜色明快，柔软。

（3）南非马海冬毛。这是较短的冬毛。长度为12.7 cm（5英寸），光泽好，颜色比较明快，尚柔软。

（4）南非粗马海毛。这种毛比一级马海毛粗硬。

（5）南非混合毛。介于一级毛和冬毛之间，是较晚时期所剪的马海毛；或是两次所剪的混合毛。

（6）三级马海毛。相当于长纤维羊毛套毛的界限。每种套毛根据其细度、长度及光泽，分为1号、2号、3号。南非马海毛在细度方面可达到土耳其马海毛的品质支数即50支。

南非马海毛质量管理体系：南非对于马海毛的生产管理，每一步都已经是比较成熟和科学的。首先，南非的每一个牧场都必须严格遵守该国羊毛协会颁布的《剪羊毛实务守则》的规定。大多数牧场都是由马海毛拍卖公司所属剪毛服务队剪毛，相对而言，这些专业的剪毛人员更能掌控马海毛的质量。据了解，在该国由牧民自己进行剪毛的比例不到10%。这就从马海毛生产的源头对其质量进行了有效的控制。其次，由剪毛服务人员对羊毛进行分拣、打包，去除残次毛和杂质，并对马海毛进行分级。马海毛的包装袋则统一由拍卖公司提供。这也从运输环节避免了杂质对于马海毛的污染，从而保证其质量。羊毛包装完成后，立即运到拍卖公司仓库，然后委托经授权或取得资格认证的第三方检测公司检测并出具检测报告。最后，进行马海毛的拍卖，马海毛拍卖每2～3周举行一次，所有拍卖由羊毛协会和马海毛协会组织，只有SAWAMBA注册成员才允许在拍卖会中参加竞买。对于销售终端出口商的这种管理模式，实际上也促进了由南非出口的马海毛质量的保障。

（二）马海毛的表观形态特征

马海毛纤维表皮鳞片呈扁平状，紧贴于毛干，鳞片重叠甚少，这样的结构特征使纤维表面平滑，手感滑爽，光泽强，不易粘染杂质，韧性好，刚性强，耐磨损性能较好。马海毛的纵向形态与羊驼毛类似，薄而紧密的鳞片贴覆于毛干上，鳞片多成瓦状或镶嵌状且排列整齐，但马海毛的鳞片密度较小，高度较大，翘角小，基本没有重叠，并且纵向顺直，边缘光滑，与羊驼毛不同的是其鳞片在普通生物显微镜下也清晰可见。因此，马海毛具有硬挺、光滑、独特的自然光泽。

马海毛的微细结构与羊毛的相似（图4-4），但有一些特点可以作为鉴定根据。纤维表面鳞片不易被看清楚，并且极少重叠。鳞片紧贴在纤维茎上，使纤维有十分平滑的外观。马海毛每100 μm有5个鳞片，而细羊毛则有10～11个。鳞片长度为18～22 μm，这种鳞片的组合方式使纤维手感平滑，外观极为光亮。成片的纤维表面可反射出强烈的光泽。

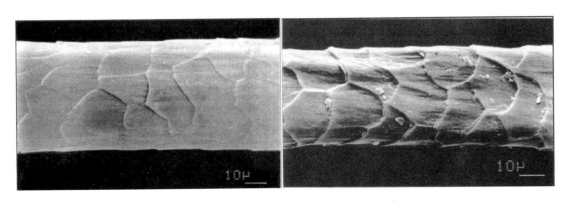

图4-4　马海毛和羊毛的扫描电镜照片

因为皮质层是由锭子状细胞组成的，所以在纤维的整个长度上可以看到明显的条纹。各细胞之间，常常有不同长度的雪茄状的气袋或空胞。各种马海毛所含这种空胞的百分比差异很大。

马海毛具有高度圆形的横截面，其横截面的短径与长径之比为1∶1.2或以下。许多马海毛有黑点或小圆点，这是上述的气袋或气泡形成的。纤维直径范围为14～90 μm。

李云秀等将羊毛的鳞片尺寸和相同细度马海毛的鳞片尺寸进行了比较，结果见表4-2。

表4-2 马海毛与羊毛的鳞片比较

单位：μm

原料品种	平均直径	鳞片高度	鳞片长度
羊毛1	29	0.8	10.15
马海毛1	28	0.42	22.22
羊毛2	36	0.96	9.48
马海毛2	37	0.47	21.71

由表4-2可知，马海毛由于鳞片高度较低，长度相对较长，纤维表面单位长度的鳞片数较少，且鳞片紧贴于毛干上，故马海毛表面平滑、抱合力差。由于马海毛的这一特性，使其染色工艺与羊毛有不同之处。

权富生等用电镜对安哥拉山羊及其杂交各代羊被毛纤维的鳞片超微结构进行了观察，并对马海毛及各类杂交马海毛型羊毛的光泽度进行了测试比较（表4-3），结果表明：随着级进代数的增加，各代马海毛型羊毛的鳞片超微结构趋向于马海毛，F3无髓毛与马海毛极相似；各类马海毛型羊毛的光泽度与马海毛接近，大多数光泽指标优于绵羊毛。

一般对毛纤维光泽的研究，只从对比光泽度方面进行比较。实际上，对纺织材料进行质和量客观、全面的反映，应包括反光光亮度、对比光亮度（即不同方向反射光亮度的对比度或差异率），反射光中的偏矩成分的变化率，反射光中不同波长（红、黄、蓝、紫色）光的分离程度，即"彩度"4个方面。对比光泽度选择0°、−25°和−65°，光亮度选择峰值反射率、赤道反射率和漫反射率、峰宽率，测定结果见表4-3。

由表4-3可看出，各类马海毛型羊毛逆鳞片方向光泽均比顺鳞片方向强。对比光泽度的大小顺序为：F2马海毛型羊毛＞马海毛＞F3马海型羊毛＞F4马海毛型羊毛＞F1无髓毛＞绵羊毛。反光光亮度的各项测定值，除F1以外，各类马海毛型羊毛之间均比较接近，接近于马海毛，优于绵羊毛。F1无髓毛的光泽度比马海毛型羊毛差。

表4-3 各代杂交羊马海毛光泽度测试结果

测试指标	光对鳞片方向	F1无髓毛	F2无髓毛	F3无髓毛	F4无髓毛	马海毛
0°对比光泽度	顺	2.59	5.16	3.99	2.94	4.81
	逆	3.13	5.05	3.80	3.83	4.67
−25°对比光泽度	顺	3.46	7.07	5.66	5.11	6.99
	逆	4.35	9.90	6.73	6.33	8.78
−65°对比光泽度	顺	5.21	9.40	8.49	7.49	10.00
	逆	7.00	17.97	12.06	11.62	15.34
峰值反射率	顺	4.81	8.13	6.84	6.46	7.74
	逆	5.22	8.14	6.81	6.81	7.88
赤道反射率	顺	6.76	8.44	7.90	8.41	8.24
	逆	6.66	8.15	8.05	7.84	8.26

测试指标	光对鳞片方向	F1无髓毛	F2无髓毛	F3无髓毛	F4无髓毛	马海毛
漫反射率	顺	0.69	0.54	0.61	0.68	0.58
	逆	0.65	0.58	0.68	0.62	0.62
峰宽率	顺	12.78	10.18	12.31	13.33	10.93
	逆	11.94	10.46	13.43	11.20	11.20

中国杂交马海毛的光泽已取得明显效果。杂交种马海毛的反射光光亮度差异不大，但自然光对比光泽度有明显差别，已完全脱离绵羊毛和山羊毛的光泽形态，趋向于蚕丝的光泽，而在对比光泽度方面，可能超过蚕丝的光泽。马海毛逆光向光泽恒比顺光向光泽强。

二、马海毛的性能

马海毛的吸湿性与羊毛接近，马海毛在水中吸收的水分可达其干燥重量的35%，在一般高温下，马海毛也含10%～20%水分（我国马海毛洗净毛的公定回潮率定为14%）。

（一）拉伸性能

采用对比的研究方法，对羊驼毛、马海毛、牦牛毛等9种特种动物纤维的基本力学性能进行研究。结果表明9种特种动物纤维的断裂伸长率大都是40%左右，都归类于低强高伸纤维，完全可以满足纺纱加工以及织物坚牢性要求。但9种特种动物纤维的断裂强力有非常大的差异。与其他几种纤维相比，羊驼毛以及马海毛的断裂强力更大，尤其是马海毛，其平均断裂强力达到33.80 cN，这是因为马海毛和羊驼毛的直径比较粗；北极狐绒毛、安哥拉兔毛和乌苏里貂毛的断裂强力较小，所以，在进行纺纱加工作业时，力度要加以缓和控制；其余几种动物毛纤维的断裂强力居中。

对比研究澳毛、马海毛及山羊绒这三种纤维的性能，结果发现，马海毛纤维的平均细度和长度值较大，初始模量是羊毛的2倍多，具有比同类纤维更高的断裂强力，更好的伸长性能，满足精梳纺纱的条件。

对比研究绵羊毛、羊驼毛及马海毛的力学性质，结果见表4-4。

表4-4　几种动物毛纤维力学性能测试结果

纤维品种	初始模量（cN/dtex）	断裂强力（cN）	断裂伸长率（%）
绵羊毛	26.38	7.86	51.13
羊驼毛	32.72	13.76	44.21
马海毛	58.93	27.26	49.05

从表4-4可以看出，马海毛和羊驼毛的初始模量、强力明显大于绵羊毛，其中马海毛的初始模量是绵羊毛的两倍多，说明马海毛制品硬挺性好，多用于织制高档提花毛毯、长毛绒和顺毛大衣呢。羊驼毛和马海毛的强力明显大于绵羊毛，在纺纱加工中可采用强分梳，断头率低，其纺制品耐磨性、坚牢度好。三种动物毛的伸长率比较接近，其中羊驼毛的伸长率略小。

利用羊毛单纤维强伸性能测试原理，对马海毛纤维的强伸性能进行测试与分析。马海毛纤维不同部位（毛尖、毛中、毛根）的强伸性能测试结果见表4-5。

表4-5　马海毛不同部位强伸值分析

马海毛	测试部位	断裂强力			断裂伸长率		
		平均（cN）	均方差（cN）	变异系数（%）	平均（%）	均方差（%）	变异系数（%）
92春成公羊	毛尖	29.00	2.93	10.09	40.45	3.87	9.57
	毛中	32.52	2.80	8.61	46.27	2.34	5.06
	毛根	30.60	4.25	13.88	43.26	2.74	6.34
92春成母羊	毛尖	33.10	6.98	21.07	47.76	4.51	9.44
	毛中	35.24	9.38	26.60	46.88	2.94	6.28
	毛根	37.68	9.86	26.18	48.76	4.81	9.86

从表4-5可知，马海毛纤维不同部位的强伸值不同，并且同一部位的强伸值也有差异；马海毛纤维的强伸值随羊种不同而有差别，不能用马海毛纤维某一部位的强伸值来反映马海毛纤维的强伸性能。

（二）卷曲性能

毛纤维的核心工艺特点之一即卷曲。纤维的卷曲是指纤维在自然状态下单位长度内具有的卷曲波纹。动物毛纤维的卷曲是生长过程中自然形成的，其卷曲形态常分为弱卷曲、常卷曲和强卷曲三类（图4-5）。

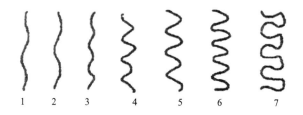

图4-5　动物毛纤维卷曲类型

纤维的卷曲程度对于纺纱工艺、织物服用性和成纱质量等都影响较大。通常情况下，纤维卷曲的形状、程度和织物的手感、保暖性以及弹性丰满度等有关系。假如纤维有一定程度的卷曲数和不错的卷曲弹性，对于纺织加工和产品质量都有利。反过来如果纤维的卷曲数少、卷曲弹性不高，则会引发成条困难，极容易掉毛。

常卷曲的毛纤维多用于精梳毛纺，以纺制有弹性和表面光洁的纱线和织物；强卷曲的毛纤维适用于粗梳毛纺，纺制表面毛绒丰满、手感好、富有弹性的呢绒。动物毛纤维的天然卷曲是其重要的工艺特征，在纺纱过程中，纤维单位长度的卷曲数、卷曲波的形态、卷曲弹性和卷曲牢度决定纤维之间的抱合力，直接影响其加工性能和成纱质量。对织物的柔软性、膨松性、弹性等织物风格影响很大。

纤维的卷曲率是表示纤维卷曲程度的指标，是指纤维单位伸直长度与卷曲长度的差对伸直长度的百分率。卷曲率的大小与卷曲数及卷曲波形态有关。适当的卷曲率可以提高纤维间的抱合力，提高纤维的可纺性。但卷曲率过大会使纤维的内应力过分集中在弯曲的顶点，使纤维结构受损，影响纤维的机械性质。卷曲弹性回复率表示纤维受力后再除去负荷卷曲回复的能力，是考核纤维卷曲牢度的指标。残留卷曲率表示纤维卷曲伸直的能力，也可理解为纤维卷曲受力后的伸直能力，它们都是考核纤维卷曲牢度的指标。测试结果表明，羊驼毛和马海毛的卷曲数、卷曲率和残留卷曲率均明显小于绵羊毛，其中马海毛的卷曲数、卷曲率和残留卷曲率为最小，见表4-6。这说明羊驼毛和马海毛，尤其是马海毛纺纱加工难度大，并且影响成纱强力。比较3种动物毛的卷曲弹性回复率，发现羊驼毛与绵羊毛接近，而马海毛略小些，但它们的卷曲弹性回复率都在80%以上，表明这3种动物毛制品都具有优良的弹性和抗皱性。

通过对比实验证明安哥拉兔毛、马海毛和山西羊驼毛的卷曲度不高，卷曲率也较低，纤维伸直和纤维间的抱合力差，大多数情况下，其产品都是混纺产品。

表4-6　三种动物纤维的卷曲性

纤维品种	卷曲数（个/25 cm）	卷曲率（%）	卷曲弹性回复率（%）	残留卷曲率（%）
绵羊毛	21	7.94	90.97	7.28
羊驼毛	11	4.39	87.91	3.88
马海毛	5	1.59	80.17	1.30

（三）静电性能

马海毛的电阻为 1.83×10^8（$\Omega \cdot g$）/cm^3，为羊毛的1.54倍，静电现象较严重。根据研究者测定，马海羔毛的平均电阻值为 1.43×10^{11} Ω，比电阻为 4.16×10^{11} $\Omega \cdot cm$，是羊毛的4.12倍。马海毛的密度为1.32 g/cm^3，与牦牛绒和70公支羊毛相同。马海毛的质量比电阻很大，为羊毛纤维的6～8倍。由此可知，加工过程中由于静电干扰严重，成网、成条、纺纱均将遇到困难。应选择高集束，抗静电油剂，并严格控制原料回潮率和车间温湿度，以保证生产过程顺利。

为进一步研究马海毛在梳理加工中带上较强静电的原因，马峰在实验室条件下测试了马海毛和羊毛纤维的一系列静电性能参数和吸湿性能，见表4-7。

表4-7　马海毛及羊毛静电测试结果

测试指标	马海毛	羊毛	测试条件	依据标准
质量电荷密度（C/g）	3.60×10^{-8}	1.05×10^{-8}	23.5℃，RH55%	ZBW-04008—89
泄露电阻（Ω）	5.28×10^{11}	7.20×10^9	23.5℃，RH55%	FZ/T 01044—1966
体积比电阻（$\Omega \cdot cm$）	6.50×10^{11}	2.31×10^{10}	26.0℃，RH61%	GB/T 14342—93
静电半衰期（s）	9.6	6.5	23.0℃，RH52%	FZ/T 01042—1996
最大回潮率（%）	13.5	14.2	吸湿10^3 min	

由表4-7看出，马海毛的质量电荷密度比羊毛稍高，表明前者起静电能力比后者稍强。但从静电消散指标看，马海毛的泄漏电阻、体积比电阻和静电半衰期比羊毛大得多；加之马海毛的回潮率比羊毛低且吸湿过程缓慢，更不利于静电泄漏。可见，马海毛在梳毛加工中的静电问题之所以比羊毛严重，一是因为静电量高，二是静电泄漏慢，而以后者为主要原因，故而会使纤维加工机械迅速积累起足以引起危害的静电荷。防静电方法主要有以下几种。

（1）改变原料配伍。马海毛与涤纶混合时可有效降低梳理加工中的静电；反之，马海毛与羊毛混合时，静电则呈增大趋势，且羊毛比例越高，静电越强。这是因为在纺织材料与导纱器件材料构成的静电起电序列中，马海毛与涤纶正好分别靠近序列的正负端，于是在梳理加工中二者总是带异号电荷，由于静电中和作用而降低了混合料的整体静电效应。但马海毛与羊毛混合时，因都在序列的正端且相互靠近，所以带同号电荷而使带电加剧。

（2）对马海毛进行防静电处理。在马海毛制条工艺中，加和毛加油是一项常规工序。但一般认为和毛油剂本身具有防静电功能，因而无须另加防静电剂。

（3）调整车速。车速升高，各部位静电压明显上升，同时各种生产障碍如绕毛、飞毛和落毛现象随之加重。这是由于车速增大时，马海毛与加工机械的摩擦加剧，静电带电量增大。因此，为防止梳理中静电的干扰，采取适当降低车速的措施，在马海毛的梳毛加工中，梳毛机大锡林线速度取370～390 m/min为宜。

（四）摩擦性能及毡缩性能

毡缩性是动物纤维的优异特性。利用动物纤维的毡缩特性，通过各种工艺加工，可把动物毛制成呢绒或各种不同用途的毡制品，但具有毡缩性能的纤维易导致产品外观不良，出现尺寸收缩、织纹不清、扭曲变形、增厚毡并等不良现象，严重影响产品质量。毡缩性实质是毛纤维各种特性的综合反映，而外界因素，如水、温度、化学试剂等，也对纤维的毡缩性起到了一定的影响和促进作用。

动物纤维表面有不同形状的鳞片，在外力作用下，纤维根部向前蠕动，这一结构特征是山羊绒及其他动物纤维产生毡缩的根本原因。一般来说，在其他条件都相同的情况下，纤维的摩擦效应越小，就越不易毡缩，但当纤维的细度、长度、卷曲等性能不同时，摩擦效应并不能完全反映出纤维的毡缩性能。马海毛与羊毛纤维的摩擦因数实验结果见表4-8。

表4-8　马海毛与羊毛纤维的摩擦因数

纤维种类	静摩擦因数		动摩擦因数		摩擦效应δ_μ（％）	
	$\mu_顺$	$\mu_逆$	$\mu_顺$	$\mu_逆$	$\mu_顺$	$\mu_逆$
马海毛	0.3089	0.3856	0.3726	0.4621	7.44	10.73
羊毛	0.4102	0.8115	0.3855	0.5764	32.84	19.85

由表4-8可知，马海毛的静摩擦因数、动摩擦因数以及摩擦效应都小于羊毛的，说明马海毛的毡缩性能没有羊毛的好。

毡缩球法可以体现纤维的实际毡缩性能（图4-6）。影响纤维毡缩性能的因素很多，研究表明，纤维的摩擦效应、细度、卷曲、长度都对纤维的缩绒性有一定的影响：纤维的摩擦效应越小，则纤维越不易毡缩；当原料相同时，纤维越粗，越不易毡缩；单位长度内卷曲越高，纤维越不易毡缩。对于毡缩球而言，密度越大，纤维的毡缩性越好。

通过实验定量分析研究时间、温度因素对马海毛纤维毡缩性能的影响。毡缩球形态如图4-7所示。

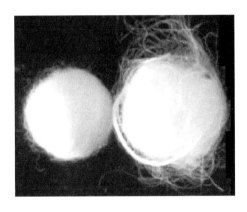

图4-6　羊毛（左）和马海毛（右）毡缩球　　　图4-7　不同长度马海毛在不同皂液温度下处理的毡缩球

由图4-7可以看出，4种长度纤维相比较，原长马海毛纤维的毡缩体呈现比较规整的圆球形，而1/2长马海毛、1/3长马海毛、1/4长马海毛所成毡缩球的规整性依次下降，1/4长马海毛纤维的毡缩球极不规整，同长度马海毛纤维的毡缩球随缩绒剂温度升高，规整性变好；20℃缩绒剂处理30 min后1/4长马海毛纤维基本不毡缩，只是呈现散纤维状态。说明长度和温度是马海毛纤维毡缩性能的重要影响因素。

马海毛纤维毡缩球的体积随温度、时间的增加而变小，说明处理温度越高、处理时间越长，表现出的毡缩性能越好，毡缩球密度越大。相同实验条件下，纤维越短，其毡缩性能越弱，毡缩球密度越小，当纤维长度变为原长的1/4时，其表现出的毡缩性能很弱，几乎呈现出散纤维状态。

（五）马海毛的化学性能

1. 化学成分

安哥拉山羊毛中含有天然和人为的杂质，通常共有10%~15%的非纤维物质。汗水、可溶性物质及蜡质（或皮脂）统称为羊毛油脂。蜡质（被纯化时称为羊毛油脂）由羊的汗腺分泌出来，包含在马海毛中的其他天然杂质包括沙子和灰尘（即无机物质）、植物物质（如毛刺，草，种子）和水分。人为的杂质包括液体污染和浸渍污染。一般来说，马海毛比羊毛含有的油脂更少（平均为4%~6%，而美利奴羊毛的平均值约为15%）。马海毛中的蜡质比羊毛氧化程度更高，更难以在淘洗过程中去除。马海羔羊毛和幼龄马海毛油脂比成年马海毛的油脂更多，冬季的油脂含量（5.8%）高于夏季（4.5%），熔点为39℃，并且马海毛根部的油脂含量高于其他部位（如尖端=2.0%，中部=4.6%和根=6.0%）。

马海毛的化学性能与羊毛相同，含硫量随来源而不同。Harris发现德克萨斯羔羊马海毛的含硫量为2.92%，土耳其马海毛套毛为3.58%。一般来说，马海毛对某些化学品较羊毛更为敏感，因此，在洗毛、染色、炭化及漂白等加工工艺中，应更加注意化学品的用量。

2. 马海毛纤维中氨基酸的结构

马海毛纤维是由氨基酸长链构成的纤维状蛋白质，每根纤维由连续不断的皮质细胞、微原纤、原纤维、原纤蛋白质的微小单元构成三维α-螺旋结构。其中甘氨酸、丙氨酸、谷氨酸等大分子中含有较多的极性基团，如—H、—COOH、—NH₂、—OH等，使马海毛纤维与染料的亲和力和上染率高。马海毛的生物及化学特性与羊毛明显相似之处是二者均由蛋白质角朊细胞组成。对其拉曼光谱的研究主要集中在酰胺Ⅰ带、酰胺Ⅲ带和C—C骨架模式。其中酰胺Ⅰ带（～1670 cm⁻¹）和酰胺Ⅲ带（～1270 cm⁻¹）是缩氨酸主链结构变化的敏感区域。

利用拉曼光谱技术研究经亚硫酸盐预处理、不同拉伸率下（0，20%，40%，60%）马海毛纤维二级结构的转变（图4-8）。

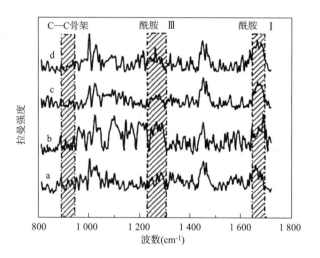

图4-8 不同拉伸率下马海毛纤维的拉曼光谱图
a—未拉伸 b—拉伸率20% c—拉伸率40% d—拉伸率60%

马海毛原毛纤维以α-螺旋结构为主，还含有较多β-折叠结构。酰胺Ⅰ带出现在1650～1680 cm⁻¹处，主要是由羰基的振动和少量的C—N—H平面弯曲和C—N的拉伸振动组成，其中1645～1660 cm⁻¹处谱带归属于α-螺旋结构；1665～1680 cm⁻¹处谱带归属于β-折叠结构；另外还包括无规卷曲结构等，主要分布在1660～1670 cm⁻¹处。马海毛原毛在1657 cm⁻¹处峰形归属于α-螺旋结构，随着拉伸率的增加，该处的峰值变小，峰形逐渐趋于平坦，并伴随着峰形向高波数转移。对于拉细马海毛，在1667 cm⁻¹附近逐渐形成较强的峰值，归属于β-折叠结构，这表明拉伸使得马海毛纤维大分子的二级结构发生了α-螺旋向β-折叠结构的转变。另外，可以发现当拉伸率为20%和40%时，1657 cm⁻¹处的峰值变化并不大，由此得出这种结构转变主要发生在拉伸初期，随着拉伸率增加，这种转变幅度并没有多大变化，即在拉伸率为20%时，从α-螺旋向β-折叠结构的转变速度较快，且转变量呈1∶1的关系。根据文献对拉细羊毛的研究表明，在拉伸过程中，羊毛纤维不仅发生了从α-螺旋向β-折叠结构的转变，还发生了纤维基质、原纤等之间的滑移，即"滑移细化理论"。马海毛原毛在1695 cm⁻¹处有一个较弱的峰值，该处归属于C—N—H 平面弯曲，在拉伸率为20%时该处峰值明显减小，几乎消失，但是随着拉伸率的增加该处峰值又开始增加。

李一等对四川马海毛的氨基酸分析中发现，马海毛的胱氨酸含量为6.32%，比不同类型羊毛胱氨酸含量要高出1.1%~1.8%，而胱氨酸对毛纤维的弹性和强力有重大影响，胱氨酸键（即二硫键）可使多肽链形成网型结构，网型结构的存在，使得α-螺旋结构向β-折叠结构转变过程变得缓慢，需经过一种过渡结构才能完成。对于无规卷曲结构，当拉伸率较小时，随着拉伸率的增加而逐渐增加，这可能由于部分α-螺旋结构和β-折叠结构转变为无规卷曲结构，而当拉伸率增加到60%时，由于各种结构转变在拉伸的初始阶段已基本完成，所以无规结构含量与40%拉伸率相比几乎没有发生变化。

马海毛对酸碱的反应稍比羊毛敏感，对氧化剂和还原剂的敏感程度与羊毛差不多，马海毛与染料的亲和力很好，使染色更加鲜艳。马海毛的白度较好，在大气中不易受腐蚀而发黄。

三、马海毛纤维的纺纱工艺

（一）马海毛纤维纺纱工艺流程

马海毛柔软滑爽、弹性好，有良好的光泽，其织物手感丰满、细腻，具有独特的风格。意大利奥蒂尔梳毛设备纺制纯安哥拉马海毛纱线，在工艺调整上存在着技术难点，如纤维的性质、品质对纺纱工艺调整的制约。对安哥拉马海毛纤维进行前处理，调整和毛、梳毛工艺可有效地改善安哥拉纤维的纺纱条件，提高安哥拉马海毛纤维的可纺性能。安哥拉马海毛纤维纺纱，还需在工艺方面进行细致的分析、调试，优化生产工艺。

纺纱工艺流程：原料→染色前处理→和毛→梳毛→细纱→络筒→蒸纱→成品

（二）马海毛纤维纺纱的难点及解决措施

1. 马海毛纤维纺纱难点

（1）梳理区梳理件不能有效地握持纤维，纤维长，易缠绕锡林产生揉搓。

（2）纤维松散，抱合力差，造成梳毛机车头部分成网成条困难。

2. 解决措施

通过调整染色前处理及和毛油剂的选择，使纤维的性质发生改变，梳理件对纤维的握持能力加强。安哥拉马海毛纤维经染色前处理后，一是在一定程度上改变了纤维滑爽、韧性好的特性；二是在一定程度上改变了纤维刚性强的特性，提高了纤维的柔软度；三是经染色前处理后，梳毛机梳理件对纤维的握持能力增强，纤维的纺纱性能得到了提高。安哥拉马海毛纤维在加工过程中受到静电的干扰，表现为成网、成条困难，纤维不易受控，造成纯安哥拉马海毛纤维纺纱难度大。纺纱时使用的和毛油剂要具有增强纤维之间抱合力和有效控制生产过程中静电产生的作用，以提高安哥拉马海毛纤维的纺纱性能。

合理调整胸锡林与运输辊之间的速比、隔距，可提高纤维的转移能力。加强各梳理区，锡林与工作辊、锡林与道夫之间的梳理速比，以提高纤维的整齐度。调整末道锡林与工作辊、锡林与道夫之间的梳理隔距，加强梳理件对纤维的控制能力，提高毛网质量，改善车头皮带丝对毛网的顺利分割。调整风轮对锡林的扫弧速比和隔距，加强对纤维的起出能力。调整搓条皮板的速度和隔距，提高对粗纱的搓条能力，使纤维之间的抱合力增强。调整皮板与皮带丝之间的隔距，增强皮板对分割毛带的接取能力。加强各梳理区对纤维的梳理速比，一是改善纤维的长度离散程度，提高纤维整齐度；二是加强对纤维的梳理、混合、匀整、凝聚作用；三是合理调整风轮对锡林的扫弧速比，抑制纤维的随意性。

采用精纺多道逐渐针梳工艺，以"梳理柔和、条干均匀、纤维顺直"为宗旨，以"控制浮游纤维、增加抱合力"为手段。工艺路线如下：

和毛加油→梳毛成条→头针→二针→精梳→三针→四针→混条→头针→二针→三针→预粗→粗纱→细纱→络筒→并线→倍捻

采用上述工艺，进行了28 tex×2精梳纯纺马海毛针织纱的生产试验，并以此为原料织制了毛衫。对最终成纱质量进行测试，结果表明各项指标均达到了后道织造的要求。测试数据见表4-9。

表4-9　精梳纯纺马海毛针织纱试验数据

产品	线密度（tex）	变异系数 CV（%）	断裂强力（cN）	断裂强力CV值 CV（%）	断裂伸长（%）	捻度（g·m）	捻度不匀率（%）
单纱	27.98	5.20	130.0	2.5	22.5	576.0	4.50
股线	27.98×2	5.72	331.2	3.3	26.6	349.5	4.69

马海毛常用于粗纺混纺针织物，但通过工艺优化和设备改进，可以实现高支纯纺精梳纱的正常生产。28 tex×2纯纺精梳纱应用于针织面料开发，成衣细洁光滑，色调丰富柔和，手感薄爽挺滑。精梳纯纺的工艺控制应结合马海毛抱合力差，毛条散、滑，落毛率大，制成率较低的特点，合理设置工艺，各工序以"小牵伸、低速度、大隔距"为原则，使梳理柔和、条干均匀；同时，对梳毛、针梳、精梳等设备的关键部件应进行适当改造。

（三）马海毛织物的生产

国内开展了马海毛产业化应用研究，批量生产出具有丝绸风格和毛纺风格的产品。马海毛与绢、腈混纺，再分别与桑绢丝、生丝、涤纶丝交织。毛风格的有马海毛与绢、腈混纺纱作经纬纱织造，或与毛/涤纱交织，或用马海毛与绢丝、毛混纺纱，再与毛/涤纱交织等。马海毛是一种高档的毛制品原料，主要用于长毛绒、顺毛大衣呢、提花毛毯等一些高光泽的毛呢面料以及针织毛线。

马海毛织物的生产一般要经过剪毛、分级洗毛、粗梳、精梳、纺纱、编织以及缝合、后整理等工序。

剪毛：安哥拉山羊每年剪两次毛，使用手工剪或者电动剪刀，对山羊无任何伤害。高规格养殖标准和严格的育种选择确保了纤维的完美品质。

分级、洗毛：按照纤维的长度、直径和品质分选，严格的分级标准提升产品价值。经过洗涤纤维，去除尘土和油脂。

粗梳：通过梳毛机和针梳机的牵伸梳理作用，使马海毛纤维伸直理顺，定向排列，去除大部分草杂，合并成圈或条，一圈或一条称为一个"粗梳条"。

精梳：将马海毛转移到精梳机上，去除剩余的植物杂质及短小纤维，形成柔软、奢华的马海毛条。

纺纱：将马海毛条纺成纱线，可根据不同的要求纺成不同的捻度、支数和外观的纱线。通常使用加捻或拉毛（起绒）处理使得马海毛纱线变得更加松软。

染色：可以对纱线进行染色，也可以在编织成后进行染色。

编织：马海毛纱线可以用于生产精纺布或机织布，也可以用于生产成衣面料。

由于马海毛的物理性能和结构形态与羊毛不同，给纺、织、染加工带来一定困难。在纺纱过程中，由于马海毛纤维表面光滑，天然卷曲少，纤维间抱合力差，因此，常选用一定比例的羊毛或腈纶等纤维混纺，以提高纤维间抱合力，改善可纺性。在织造方面采用机织、针织等，特别适用于手工编织。在染色方面要求较高，既要合理选择染料，保证染色系数和鲜艳度，又要控制好染色温度、pH，使其不影响光泽、弹性、手感和染色牢度，防止角朊水解影响其纤维的强度。

参考文献

［1］井玉平，庞其艳.安哥拉山羊与中国马海毛研究进展［J］.宁夏农林科技，1995（4）：31-34.

［2］张启成.安哥拉山羊及其在各国的利用概况［J］.内蒙古畜牧科学，1987（2）：21-24.

［3］G. A. Smith，1988，R. D. B. Fraser，1972 and CSIRO.

［4］J. M. Van Der Westhuysen，D. Wentzel and M. C. Grobler，1985，Wool Rec.，144（3493），35，quoting Shelton，1961.

［5］吕明哲，蒋素婵.马海毛光泽及其测试的研究［J］.纤维标准与检验，1994（1）：22-23.

［6］金永熙.马海毛的分级、性能与用途［J］.纤维标准与检验，1991（2）：17-20+31.

［7］吴佩云.几种动物毛纤维的结构与性能研究［J］.上海纺织科技，2008，36（12）：47-50.

［8］李云秀，唐清林.马海毛染色工艺探讨［J］.毛纺科技，2000（2）：35-38.

［9］权富生，杨蔼云，张永平.安哥拉山羊杂交后代羊毛光泽及鳞片超微结构［J］.西北农业大学学报，1997（3）：38-40+42.

［10］俞林荣.纺织用特种动物纤维基本物理机械性能对比［J］.轻工标准与质量，2017（3）：80-81.

［11］倪春锋，颜晓青，于勤.高支精梳纯纺马海毛针织纱工艺研究［J］.纺织科技进展，2017（4）：20-22.

［12］张宏伟，张钟英.马海羔毛物理机械性能的研究［J］.纺织学报，1993（8）：14-16+2.

［13］马峰.马海毛梳毛加工中防静电的研究［J］.军械工程学院学报，2000（12）：113-115.

［14］蒋芳，李龙.不同动物纤维的毡缩性能分析［J］.毛纺科技，2009，37（1）：49-51.

［15］郑秋生，李龙，王卫.马海毛纤维毡缩效应研究［J］.毛纺科技，2011，39（7）：50-52.

［16］周安杰，刘洪玲，苏红，等.利用拉曼光谱分析马海毛纤维的二级结构［J］.东华大学学报（自然科学版），2013，39（1）：31-36.

［17］李一，王杰，李文杰，等.四川马海毛的氨基酸分析［J］.西南民族学院学报，2002，28（3）：324-326.

［18］王慕军，高志忠，罗涛，等.粗纺马海毛纺纱工艺分析［J］.毛纺科技［J］.2005（7）：29-31.

第五章　牦牛绒与驼绒及其性能

　　牦牛绒与驼绒作为天然蛋白质动物绒毛纤维，其混纺织物因保暖性好、轻薄、价格实惠而受到消费者的青睐。通过对牦牛绒与驼绒纤维的毡缩、脱色、染色及其混纺织物的性能进行研究，为高档纺织品面料的开发提供工艺参数和参考依据。对其物理力学性能，如表面鳞片结构、长度、细度、强伸性、卷曲性及摩擦性进行分析，牦牛绒和驼绒按颜色分类主要呈黑色、褐色和咖啡色，只有极少量为白色。由于大多数牦牛绒和驼绒的天然深色色泽，使其加工利用受到了一定的限制，所以，在加工浅色产品前通常需要对其进行脱色处理。目前针对有色动物纤维脱色的有很多种工艺，但是脱色这一过程往往会引起纤维损伤，从而进一步影响纤维的其他性能，如可纺性和染色性等。因此，综合考虑纤维脱色效果，寻找最佳的脱色工艺显得更加重要。

一、牦牛绒与驼绒纤维

　　牦牛是生活在海拔最高处的哺乳动物，全世界的牦牛数量约为1400万头，其中我国占95％以上。中国的牦牛主要生长在青藏高原等高寒地区，它的绒毛光泽润美、自然柔和、手感柔软、强力高、耐腐蚀、吸湿性和透气性以及保暖性能极佳。牦牛绒纤维是由鳞片层和皮质层组成，髓质层极少，这有利于储存空气，因此，牦牛绒制品保暖、耐起毛起球、耐磨，是继羊绒纤维之后的又一珍贵稀有动物纤维，有"钻石纤维"的美誉。

　　骆驼被称作沙漠之舟，生长于内蒙古自治区阿拉善盟等地区。目前，我国驼绒毛年产量在2500 t左右，其中少量出口到国外，大部分在国内使用。我国骆驼主要作为沙漠中的运输工具，绒毛被应用在纺织服装上。驼绒呈棕黄色，纤维蓬松柔软、保暖御寒，是制作高档毛纺织品的重要原料之一。驼绒的粗绒毛纤维具有很好的耐磨性能，被广泛地应用于制作粗呢和地毯。细绒毛纤维因其产品轻薄、保暖，被大量使用在衣服衬里、装饰花边、窗帘布等方面。如今驼绒与其他天然纤维混纺而成的围巾因其舒适干爽、手感好、保暖性佳而受到很多服装设计师和消费者的青睐。

　　采用TM3000型扫描电镜观察牦牛绒与驼绒纤维在放大2500倍时的纤维表面形态结构，测试结果如图5-1所示。

　　由图5-1可知，黑牛绒纤维的鳞片呈瓦片状包覆在毛干上，鳞片的边缘层张开，但张角不显著；青牛绒纤维表面鳞片角质层不光滑，鳞片层厚、边缘有小裂角，鳞片多呈大环形或复瓦状，仅仅贴附在毛干上，毛越粗，鳞片结构越模糊，可见度小；驼绒纤维的鳞片表面角质层比较光滑，鳞片呈斜条形或不规则的非环形，鳞片层边缘翘角小，鳞片与毛干之间的倾角很小，表面纹路模糊，棱基低，因而驼绒纤维表面光滑、手感柔软。

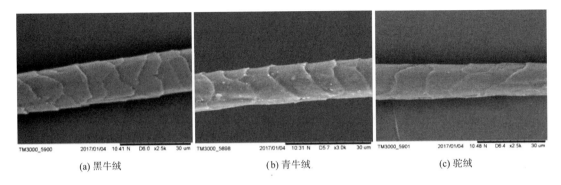

|(a) 黑牛绒|(b) 青牛绒|(c) 驼绒|

图5-1　纤维表面形态结构

在不同类型牦牛绒（毛）纤维的髓质分布中，有髓毛（连续状）仅占8.3%，无髓毛占75.8%，点状、断续状髓毛占15.92%，说明75%以上的牦牛绒纤维是无髓的。有髓毛含量低是牦牛绒（毛）纤维的显著特点之一，也是其品质优良的主要标志。牦牛不同部位的毛纤维中，背部有髓毛最多，占23.17%；臀部次之，占3.12%；腹部除有少量断续、点状的髓质外全为无髓毛。

二、牦牛绒和驼绒纤维性能

（一）牦牛绒和驼绒纤维力学性能

1. 牦牛绒和驼绒纤维的强伸性能

成年牦牛绒毛的强力为5.76（绒）～53.78（毛）cN，幼年牦牛绒毛则在4.40（绒）～44.05（毛）cN，牦牛绒纤维的断裂强力在4.4 cN左右，高于山羊绒、驼绒、兔毛。断裂强度约为1.29 cN/旦，卷曲弹性率约为82.43%。采用YG001N型电子单纤维强力仪对牦牛绒、驼绒纤维进行了强伸性进行测试，测试结果见表5-1。

表5-1　牦牛绒和驼绒强伸性

品种	强力（cN）	伸长（mm）	断裂强度（c N/dtex）	伸长率（%）
紫牦牛绒	4.51	4.03	1.21	40.17
黑牦牛绒	7.56	3.57	0.80	35.60
脱色牦牛	6.98	4.66	1.69	46.53
公骆驼绒	5.32	4.00	1.78	39.92
母骆驼绒	4.31	3.62	0.58	36.11
白骆驼绒	4.47	3.59	0.65	35.88

由表5-1可以得到：牦牛绒纤维的强度要高于驼绒纤维，用其制作的面料不易掉毛，更挺括；而驼绒纤维的伸长率要偏小一些，因此在对牦牛绒制品进行拉伸时，织物的变形会较

驼绒纤维制品的稍大。因为牦牛绒纤维具备了一定的强力和弹性，所以，牦牛绒产品具有一系列优良的品质，如不易掉毛、膨松、丰满、织物挺括的特点。

2. 驼绒纤维一次拉伸断裂性能

实验采用YG（B）008E型电子单纤维强力仪，测试样品量为50根，采用一次拉伸断裂实验方法。在常温湿态和常温干态下进行纤维测试，分别得到驼绒纤维和山羊绒纤维的常温干态和常温湿态一次拉伸断裂性能指标，测试结果分别见表5-2和表5-3。

表5-2　驼绒纤维和山羊绒纤维的常温干态一次性拉伸断裂性能指标

试样	驼绒	山羊绒
断裂强力（cN）	16.11	7.79
断裂强度（cN/dtex）	4.20	3.22
断裂伸长率（%）	46.94	44.21
断裂功（cN·mm）	54.63	25.01
断裂比功（cN/dtex）	1.41	1.03
初始模量	37.42	29.33

表5-3　驼绒纤维和山羊绒纤维的常温湿态一次性拉伸断裂性能指标

试样	驼绒	山羊绒
断裂强力（cN）	11.7	7.23
断裂强度（cN/dtex）	3.03	2.99
断裂伸长率（%）	48.76	48.74
断裂功（cN·mm）	39.67	26.32
断裂比功（cN/dtex）	1.03	1.50
初始模量	29.65	17.18

从表5-2和表5-3对比来看，驼绒纤维常温湿态的断裂强力、断裂强度、断裂功、断裂比功都要比常温干态低，但是断裂伸长率反而上升了。原因可能是部分驼绒纤维内部存在髓腔，在湿态情况下，水分子进入纤维内部的缝隙和孔洞时，纤维的塑性变形增大，使其松散的非结晶区大分子作用力加强，克服大分子间结合力的能力提高而易产生位移变化，会使纤维的断裂强度和断裂伸长率增大。

对测试结果进行对比分析后，可以看出在湿态下，较干态而言，山羊绒纤维的断裂伸长率上升了，比驼绒纤维上升得多；初始模量下降，比驼绒纤维下降率约高出一倍；驼绒纤维的断裂功和断裂比功是损失的，而山羊绒纤维是增加的。干态下，驼绒纤维与山羊绒纤维相比，其断裂强力、断裂强度、断裂伸长和断裂功明显高于山羊绒纤维；断裂比功差异较少，山羊绒纤维的干态初始模量比驼绒纤维的干态初始模量低，这组数据表明驼绒纤维的耐磨性优于山羊绒纤维。无论是在湿态还是干态，驼绒纤维的断裂强力与断裂强度都是高于山羊绒的，这使驼绒制品比羊绒制品更加挺括，并且不易掉毛。

3. 驼绒的压缩弹性

对驼绒的压缩弹性进行测试分析，并与羊毛、羊绒进行对比实验。实验采用单位重量样品，在单位压缩面积下，第一次加压100 g，静置1 min，测量其受压高度A；然后加压至300 g，静置1 min，测其受压高度B；最后减压至100 g，静置3 min测其膨胀高度C，计算其回弹率、压缩率，测试结果见表5-4。

表5-4 纤维块体压缩弹性

样品	A	B	C	回弹率（%）[（$C-B$）/（$A-B$）]	压缩弹性系数（$A+B+C$）
驼绒	33.75	19.25	20.88	11.24	73.88
羊绒	33.25	18.25	19.75	10.00	71.25
羊毛	31.01	18.75	19.75	8.16	69.51

由表5-4的实验数据对比可以得到：驼绒的回弹率与压缩弹性系数都比羊绒和羊毛的高，这说明驼绒纤维比羊毛、羊绒纤维手感好、尺寸稳定性强、耐疲劳程度高，这使得驼绒比羊毛羊绒制品更加蓬松，手感更好。

4. 牦牛绒与驼绒物理性能对比

由于牦牛绒与驼绒的物理性质相似，所以两者经常用来进行对比研究。王桂芬对牦牛绒和驼绒的相关物理特性进行了对比分析，结果见表5-5。

表5-5 牦牛绒、驼绒的物理特性

项目	牦牛绒	驼绒
平均细度（μm）	18.30	20.20
平均长度（mm）	36	58
单纤维强力（g）	5.26	6.58
比电阻（Ω）	8×10^{12}	1.27×10^{12}
断裂长度（km）	15.75	15.95
比重	1.32	1.31~1.32
卷曲率（%）	22.71	18.64
卷曲数（个/cm）	2.48	3.28
卷曲弹性	89.43	83.22
保温性（卡）	1.20	1.25
缩绒性（g/cm）	0.1392	0.1230

从表5-5牦牛绒与驼绒的对比结果可得出：牦牛绒的平均细度比驼绒小，但相差不大，这可使得牦牛绒纺制的纱线更均匀，制品手感更好，而且具有更高的商业价值。驼绒纤维的

平均长度明显比牦牛绒纤维的长，纤维长度决定纤维品质，纤维与纱线质量关系密切，长度越长，纱线的强力越好，从表中数据也可以看出，驼绒的单纤维强力要比牦牛绒的大，而且在保证成纱强力的条件下，长度越长，可纺制较细的纱线。牦牛绒与驼绒的卷曲率比羊绒的高，卷曲可以增加纤维之间的摩擦力和抱合力，从而提高纱线的强力，而且适当的卷曲可以提高弹性，使得牦牛绒和驼绒制品的手感柔软，同时织物的抗皱性、保暖性、蓬松性、光泽都有提高，这使得两者的织物风格更好。

（二）牦牛绒与驼绒脱色性能

牦牛绒与驼绒纤维本身含有色素，使其在纺织业中的应用受到了限制，为了解决这一问题，需要对纤维进行脱色处理。有色动物纤维的色素主要是动物生长过程中因内在因素形成的，色素主要分布在动物纤维的皮质层中，偶尔在纤维鳞片层中也能发现黑色素颗粒存在。对色素的结构，目前尚未准确了解，最主要是酪氨酸黑色素，它是由酪氨酸经过一系列酶催化氧化合成，最终产物是高度交联和高度共轭的体系。牦牛绒分为黑牛绒、青牛绒等，这些纤维颜色有深有浅的主要原因是纤维中酪氨酸黑色素的含量不同。由于牦牛绒和驼绒等天然蛋白质纤维本身具有较深的颜色，在纤维产品的开发上具有一定的局限性，为了获得更多色彩鲜明的牦牛绒与驼绒纺织品，需要对牦牛绒与驼绒纤维进行先脱色再染色的工艺研究。

1. 牦牛绒与驼绒的脱色原理

脱色试验一般分为三步：Fe^{2+}预处理→氧化脱色→还原脱色。

（1）Fe^{2+}预处理机理。黑色素对金属离子有很强的亲和力，天然黑色素中含有金属离子。对黑色素这一性质的解释为：黑色素中存在大量的COO—、—OH和—NH，这些基团都可以与金属离子络合，形成螯合环，使它们之间的结合很稳定。在对牦牛绒与驼绒漂白时，一般选择H_2O_2作为漂白剂，H_2O_2在对纤维进行漂白脱色时需要用金属离子来催化，加快分解速率，从而起到漂白脱色的目的，由研究发现：Fe^{2+}盐对纤维蛋白质损伤较小，是最有效的媒染剂之一，因此，选择硫酸亚铁溶液作为络合剂。预处理的机理是：将纤维用含有Fe^{2+}的溶液进行处理，使纤维中的色素蛋白质与Fe^{2+}形成络合物来破坏纤维中的黑色素。在后续H_2O_2氧化脱色过程中，Fe^{2+}存在于H_2O_2溶液中，能促进H_2O_2释放出大量活性游离基，使黑色素进一步被破坏。在预处理后，洗去多余的Fe^{2+}，剩余的Fe^{2+}包围色素在氧化脱色时起催化作用。

（2）氧化脱色机理。牦牛绒与驼绒纤维用硫酸亚铁进行预处理，然后用H_2O_2对其进行氧化脱色试验，氧化脱色主要是利用硫酸亚铁中Fe^{2+}催化H_2O_2分解，形成HO_2^-、HO^-、O_2^{2-}等游离基，在一定条件下破坏纤维中的色素共轭体系，从而起到漂白和消色作用。硫酸亚铁溶液中Fe^{2+}能够加快H_2O_2的分解且色素对Fe^{2+}有吸附能力，对毛纤维进行Fe^{2+}预处理，就是利用色素的这种特殊性质。H_2O_2在漂白脱色过程中所产生的废水无污染、无毒害且反应易受控制，因此，被广泛应用在各种产品的漂白加工中。

（3）还原脱色机理。牦牛绒与驼绒纤维经过氧化脱色试验后，在氧化脱色试验中，Fe^{2+}被H_2O_2氧化成Fe^{3+}，氧化物呈黄褐色附着在纤维表面，影响纤维的白度和手感，因此，要对氧化脱色后的纤维进行进一步的还原脱色。在还原脱色中，选择二氧化硫脲作为一种强还原剂，它不仅能与纤维表面黄褐色物质发生还原反应，将Fe^{3+}还原成Fe^{2+}，也能与纤维内部未除去的黑色素发生反应，它在酸性溶液中稳定，在碱性溶液中易转化为异构体甲脒亚磺酸，并迅速分解成具有强还原性的次硫酸，次硫酸H_2SO_2受热分解，产生新生态氢，有强烈的还原作用，能破坏色素，提高纤维的白度。而且二氧化硫脲对纤维损伤和环境污染较小、容易处理。

2. 牦牛绒与驼绒的脱色工艺

（1）脱色试验步骤。纤维脱色由三部分组成：预处理试验、氧化脱色试验、还原脱色试验。

①预处理：将牦牛绒、驼绒纤维放入一定pH的硫酸亚铁溶液中反应，一定时间后进行冲洗。

②氧化脱色：在一定温度下，将预处理后的牦牛绒、驼绒纤维放入由H_2O_2、渗透剂、柠檬酸配制成的一定pH的混合溶液中反应，一段时间后进行冲洗。

③还原脱色：在一定温度下将氧化脱色后的牦牛绒、驼绒纤维放在由二氧化硫脲配制的一定pH溶液中反应，一段时间后进行充分清洗并干燥。

（2）试验方案。牦牛绒与驼绒的脱色试验：首先对预处理过程进行优化，在预处理过程中对硫酸亚铁的浓度、温度、时间三个因素进行优化，以纤维白度和强力为考察指标。通过正交试验，确定预处理最优方案，同样确定氧化脱色和还原脱色的最佳工艺方案。氧化脱色试验中的变量为H_2O_2的浓度、氧化温度及氧化时间，还原脱色试验中的变量为二氧化硫脲的浓度、还原温度以及还原时间。使用同样的方法处理驼绒纤维选出最佳脱色工艺条件。

参考貉毛纤维的脱色试验，将初步试验方案定为表5-6。

表5-6　脱色试验初步方案

试验	初步方案
预处理	硫酸亚铁用量8 g/L，70 ℃，40 min，pH=4
氧化脱色	H_2O_2 30 g/L，柠檬酸2 g/L，焦磷酸钠4 g/L，60 ℃，120 min，pH=6
还原脱色	二氧化硫脲1.5 g/L，50 ℃，40 min，pH=6

注　所有试验浴比都为1：50。

3. 脱色牦牛绒与驼绒的性能表征及测试

（1）青牛绒脱色试验优化结果。对青牛绒进行脱色试验，优化结果见表5-7。

表5-7　青牛绒的脱色优化工艺

试验	最优方案	强力（cN）	白度（%）
预处理	硫酸亚铁10 g/L，30 min，60℃	4.37	51.38
氧化脱色	H_2O_2 30 g/L，120 min，45℃	4.07	58.06
还原脱色	二氧化硫脲1.5 g/L，40 min，50℃	3.96	60.54

（2）驼绒脱色试验优化结果。对驼绒进行脱色试验，优化结果见表5-8。

表5-8　驼绒的脱色优化工艺

试验	最优方案	强力（cN）	白度（%）
预处理	硫酸亚铁10 g/L，30 min，60℃	5.47	52.13
氧化脱色	$H_2O_2$30 g/L，120 min，45℃	4.95	61.55
还原脱色	二氧化硫脲1.5 g/L，40 min，50℃	4.71	62.46

（3）三种绒毛纤维脱色效果对比。三种纤维脱色前后，纤维白度与强力变化见表5-9和如图5-2所示。

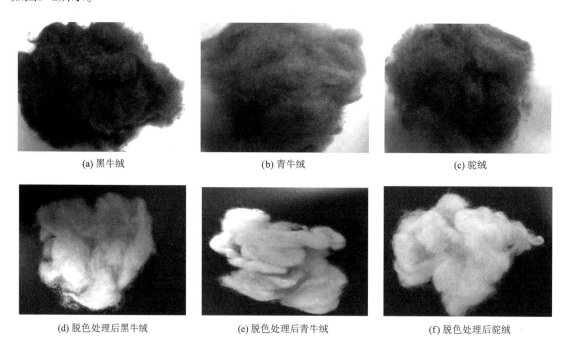

(a) 黑牛绒　　　　　　　　　(b) 青牛绒　　　　　　　　　(c) 驼绒

(d) 脱色处理后黑牛绒　　　　(e) 脱色处理后青牛绒　　　　(f) 脱色处理后驼绒

图5-2　绒毛纤维脱色效果对比

表5-9　纤维脱色前后强力与白度变化情况

特种纤维	脱色前强度（cN/dtex）	脱色后强度（cN/dex）	脱色前白度（%）	脱色后白度（%）
黑牛绒	1.84	1.58	3.54	52.51
青牛绒	2.08	1.64	11.31	60.54
驼绒	2.34	1.87	14.20	62.46

由图5-2和表5-9可知，黑牛绒、青牛绒、驼绒脱色处理之后纤维的白度都在50%以上，纤维强力有一定损伤，但不影响后续的纺纱织造工艺。驼绒纤维的脱色效果最好，其次是青牛绒，最后是黑牛绒。主要因为黑牛绒纤维内部含有的黑色素最多，在相同脱色工艺条件下与青牛绒和驼绒相比较，黑牛绒的漂白能力较差。三种纤维在氧化脱色试验中要注意氧化脱

色的温度，选择脱色温度低于70℃，当温度超过70℃时，溶剂进入纤维内部开始攻击纤维内部角蛋白朊结构，对纤维损伤较大。通过改善预处理、氧化脱色、还原脱色的工艺条件，可以提高纤维白度、降低纤维损伤。

（三）牦牛绒和驼绒染色性能

牦牛绒与驼绒纤维是一种优良的天然蛋白质纤维，具有很多合成纤维无法比拟的性能，但是天然蛋白质纤维的颜色比较单一，随着广大消费者对现代纺织品的颜色要求越来越高，纤维的染色性能成为研究毛类纤维性能的重要课题之一。

1．牦牛绒与驼绒的染色原理

由于毛纤维鳞片层的致密结构会造成染料大分子向纤维内部扩散的阻力，绒毛纤维CMC中的胞间黏合物为非角朊蛋白质，特别容易受到化学试剂的作用，因此，纤维在染色时候染料总是先到达CMC，经过鳞片内层后再对外层染色，最终达到染色的目的。

兰纳素染料是一种含有α-溴代丙烯酰胺基团的毛用活性染料，它主要与毛类纤维中的羟基原子、氨基氮原子、巯基发生配位键而使染料固着在纤维表面达到染色的目的。因它的母体是含有带磺酸基团的偶氮和蒽醌结构类型，所以具有较高的耐干湿摩擦色牢度。

兰纳素活性染料染色的机理：染色过程一共三步。第一步是溶液中的染料向纤维表面慢慢扩散，第二步是吸附在纤维表面的活性染料向纤维的内部扩散，第三步是染料与纤维在一定条件下发生共价结合。

2．牦牛绒与驼绒的染色工艺

采用活性染料低温染色，工艺处方：元明粉10 g/L，红色兰纳素染料3%（o.w.f），匀染剂2%（o.w.f），醋酸0.6%，上染pH为5～6，无水碳酸钠10 g/L，固色pH为8～8.5，浴比为1：30，工艺流程如图5-3所示。

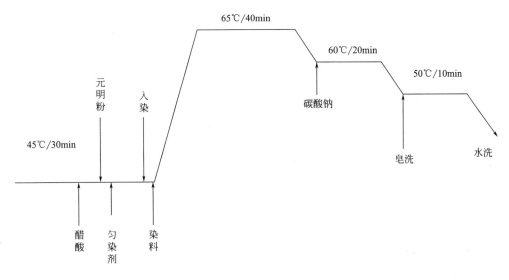

图5-3　牦牛绒与驼绒活性染料低温染色工艺

3.染色牦牛绒与驼绒的性能表征及测试

在染色试验中，影响染色试验的因素有很多，例如，染色时间、染色温度、碳酸钠的用量等，通过单因素试验找出最佳的时间、温度、碳酸钠用量来减少纤维的损伤，改善染色效果。

（1）染色温度对纤维染色性能影响。由于毡缩试验和脱色试验已经对纤维有一定程度的损伤，如果染色温度太高，会加大对纤维的损伤，因此，选择低温染色工艺处理牦牛绒与驼绒。按照低温染色工艺处方，其他条件不变，改变染色温度。试验结果见表5-10。

表5-10　染色温度对纤维强力和K/S值的影响

纤维	染色温度（℃）		
	45	55	65
牦牛绒强力（cN）	3.84	3.56	3.06
牦牛绒K/S值	15.22	26.48	28.47
驼绒强（cN）	4.44	4.20	3.59
驼绒K/S值	20.37	24.83	33.45

由表5-10可知，随着温度的上升，牦牛绒与驼绒纤维强力都降低，牦牛绒的K/S值缓慢上升，驼绒的K/S值升高且上升趋势明显。温度为55℃时，牦牛绒和驼绒的纤维强力都在3.5 cN以上，纤维K/S值都在24以上。当染色温度过低时，纤维溶胀较小，部分纤维表面鳞片层未打开，染料分子未进入纤维内部，仍有阻力，导致纤维染色不均匀，K/S值低。当染色温度升高时，纤维鳞片层结构破损，染料进入纤维内部与牦牛绒和驼绒纤维充分反应，纤维K/S值增大，但温度太高会导致纤维强力降低，影响纤维的质感。综合考虑，选择牦牛绒与驼绒的染色温度都为55℃进行后续试验。

（2）染色时间对纤维染色性能影响。在染色试验中，纤维的染色时间是影响纤维染色的重要因素之一，按照低温染色工艺处方对经过脱色后的牦牛绒与驼绒染色，染色温度选择55 ℃，改变染色时间，探讨染色时间对纤维的强力和表观着色量（K/S值）的影响，试验结果见表5-11。

表5-11　染色时间对纤维强力和K/S值的影响

纤维	染色时间（min）			
	30	60	90	120
牦牛绒强力（cN）	3.88	3.63	3.26	3.05
牦牛绒K/S值	17.26	26.32	28.79	29.46
驼绒强力（cN）	4.53	4.26	4.09	3.73
驼绒K/S值	16.89	20.74	33.64	31.05

由表5-11可知，随着染色时间的增加，牦牛绒与驼绒纤维的强力都降低，纤维的K/S值先增加后有减小，减小的趋势不明显。在染色时间为60 min时，牦牛绒纤维的强力损伤较少，K/S值高。驼绒的染色温度为90 min时，染色效果较好。当染色时间高于90 min时，牦牛绒和驼绒纤维的表观着色量变化不大，强力下降。主要原因是纤维与染料分子已经充分反应，且反应达到平衡，纤维K/S值不会随着时间增加而增加，延长反应时间意义不大。综合考虑，选择牦牛绒染色时间为60 min、驼绒染色时间为90 min，进行后续的试验。

（3）碳酸钠用量对纤维染色性能影响。在染色温度为55℃，牦牛绒染色时间为60 min、驼绒染色时间为90 min，其他工艺按照低温染色工艺处理，改变碳酸钠的用量。探究碳酸钠用量对牦牛绒与驼绒的强力和表观着色量（K/S值）的影响，试验结果见表5-12。

表5-12　碳酸钠用量对纤维强力和K/S值的影响

纤维	碳酸钠浓度（g/L）				
	0	5	10	15	20
牦牛绒强力（cN）	3.74	3.65	3.39	3.32	3.06
牦牛绒K/S值	18.45	17.64	21.22	28.23	27.96
驼绒强力（cN）	4.15	3.99	3.74	3.79	3.39
驼绒K/S值	14.38	15.79	22.24	24.99	24.95

由表5-12可知，随着碳酸钠用量的增加，牦牛绒与驼绒的强力都降低，牦牛绒表观着色量K/S值先增加后减小，减小趋势平缓；驼绒的K/S值有波动，但总体呈上升趋势。碳酸钠用量对牦牛绒纤维的强力影响较大，加入碳酸钠能促进活性染料中活性基团的生成，打破溶液酸碱平衡，溶液pH升高，加快反应速率。当碳酸钠用量超过15 g/L时，牦牛绒与驼绒的强力明显降低。增加碳酸钠用量使纤维K/S值增加的主要原因是加入碳酸钠之后，会促进染料中的活性基团与纤维蛋白质反应，提高染色速度，加入的碳酸钠会使纤维的溶胀程度变大，染料与纤维接触得更彻底，从而发生化学反应产生更多共价键，固着在纤维表面，使纤维K/S值增加，待反应完成后，纤维的K/S值变化不大。综合考虑选定碳酸钠用量为15 g/L为最佳浓度。

（4）染色后牦牛绒与驼绒色牢度分析。通过染色工艺优化试验，对经过DCCA和脱色处理后再染色的牦牛绒与驼绒纤维进行色牢度耐水洗和耐摩擦分析，试验结果见表5-13。

表5-13　染色后牦牛绒与驼绒纤维的色牢度分析

纤维	皂洗牢度		耐摩擦牢度	
	毛布沾色	棉布沾色	干摩擦（级）	湿摩擦（级）
牦牛绒	3-4	3-4	4	4
驼绒	3-4	4	4	3-4

由表5-13可知，经过脱色处理再染色的牦牛绒和驼绒的耐水洗和耐摩擦色牢度都在4级左右，都在标准要求范围内，说明经过兰纳素低温染色工艺优化后的牦牛绒与驼绒纤维的染色效果好。

（5）染色后牦牛绒与驼绒红外光谱分析。采用傅立叶红外变化光谱对染色处理前后牦牛绒与驼绒纤维的结构变化进行研究（图5-4、图5-5）。

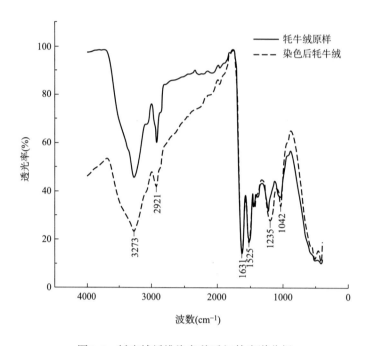

图5-4　牦牛绒纤维染色前后红外光谱分析

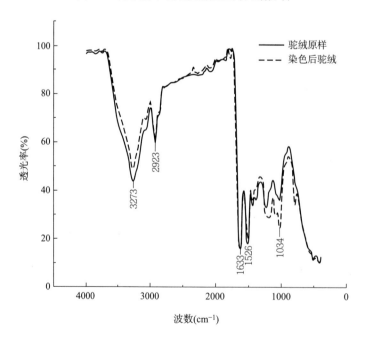

图5-5　驼绒纤维染色前后红外光谱分析

由图5-4和图5-5可知，牦牛绒和染色处理后牦牛绒纤维的傅立叶变换红外图谱有一定的差异，说明染色后牦牛绒鳞片层中有新的化学官能团产生。而驼绒纤维和染色后纤维的红外光谱图差异不大，说明染色后驼绒纤维鳞片层中的官能团没有明显的变化，具体分析如下：在1034 cm^{-1}和1042 cm^{-1}处都是S—O伸缩振动引起的；在1235 cm^{-1}处是酰胺Ⅲ带C—N伸缩振动产生的；在1525 cm^{-1}和1526 cm^{-1}处的吸收峰是酰胺Ⅱ带C—N伸缩振动和N—H弯曲振动引起的；在1633 cm^{-1}和1631 cm^{-1}是酰胺Ⅰ带的C—O伸缩振动引起的吸收；在2923 cm^{-1}和2921 cm^{-1}处的吸收峰是由N—H伸缩振动所产生的。

牦牛绒与驼绒纤维的红外光谱图分别在1042 cm^{-1}和1034 cm^{-1}处出现了明显的尖锐吸收峰，这是半胱胺磺酸盐（SO_3^-）的特征吸收峰，它是由S—O伸缩振动引起的，这个新的吸收峰的出现，表明纤维中胱氨酸二硫键发生断裂。

（四）驼绒与牦牛绒的电学性能

纤维主要是由原子通过共价键结合而成。干燥的纤维导电性很低，是一种良好的绝缘体。然而，天然纤维在生长发育过程中，化学纤维在加工制造过程中，都会引入一些其他物质，这些杂质能导电或在电场作用下能电离产生导电离子，从而增强了纤维的导电性能。

纤维的导电性用比电阻表示。对于纺织材料来说，由于断面面积或体积不易测量，一般采用质量比电阻表示材料的导电性。质量比电阻是材料长1 cm，质量为1 g时的电阻值。纤维质量比电阻的单位为（$\Omega \cdot g$）/cm^2，体积比电阻与质量比电阻的关系：$\rho_m = \rho_v \times d = R \times m/l^2$。

纺织品在生产加工和使用过程中易因摩擦和感应产生静电。回潮率普遍较低的合成纤维制品的电荷积聚现象更加显著。生产中纺织材料的带电现象常会导致纤维缠绕或阻塞机件、半制品或纱线毛发断头，织造时经纱开口不清，织物折叠不齐等现象，影响生产的运行；纺织品使用中，静电电荷的积聚易引起灰尘附着，服装纠缠肢体产生黏附不适感，并可引起血液pH上升，血液中钙含量降低、尿中钙含量增加，血糖升高、维生素C含量下降。较高的静电压可对人体产生电击，并引起电子元件损坏，甚至导致起火和爆炸。目前，纺织品抗静电的基本实现方式主要有以下三种：提高湿度，使织物表面具备水分保持性能可降低表面电阻；降低表面电阻，将导电纤维融入纱线可以使电荷离域（接地）；加入助剂，包括纺丝油剂中加入抗静电剂、功能性整理助剂、新型抗静电柔软整理剂等。

1. 牦牛绒与驼绒纤维的抗静电整理

为了解决牦牛绒与驼绒在生产和服用过程中的静电问题，采用剥除鳞片层和不同种类抗静电剂对牦牛绒与驼绒进行抗静电处理。通过测试抗静电处理后牦牛绒与驼绒的比电阻、衰减静电压、感应静电电压、SEM变化研究抗静电效果。结果表明：抗静电剂处理后，牦牛绒与驼绒的抗静电性能显著提升，并在SEM下观察到鳞片层被连续性薄膜覆盖。

抗静电整理工艺具体流程如下：

冷水浸渍→二轧二浸（轧余率100%、55℃）→预烘（80～100℃）→焙烘定形（150～190℃、30 s）→放置24 h测试静电性能

2. 抗静电整理对牦牛绒与驼绒鳞片层结构的影响

采用扫描电镜SEM观察经DCCA、抗静电剂处理后牦牛绒与驼绒纤维在放大2000倍时的纤维（30 μm）表面鳞片层结构（图5-6、图5-7）。

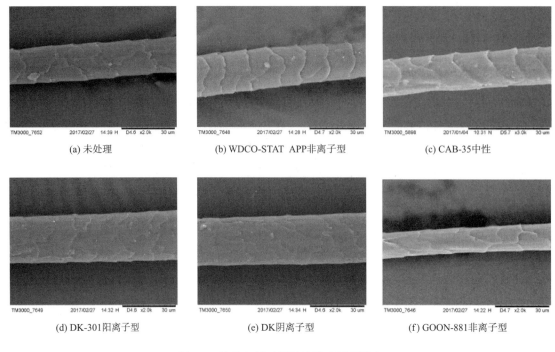

(a) 未处理　　　　　　　(b) WDCO-STAT APP非离子型　　　　　(c) CAB-35中性

(d) DK-301阳离子型　　　　　　(e) DK阴离子型　　　　　　(f) GOON-881非离子型

图5-6　抗静电剂对黑牦绒鳞片层的影响

由图5-6可以看出：牦牛绒在涂覆抗静电剂后，鳞片层上会形成一层连续亲水性薄膜，使得鳞片纹路变得模糊不清，纤维整体光滑平整，只有局部鳞片因没有完全覆盖而鳞片外翘，尤其是鳞片层间隙处薄膜明显，但整体上，牦牛绒鳞片层保存完好，棱角分明。

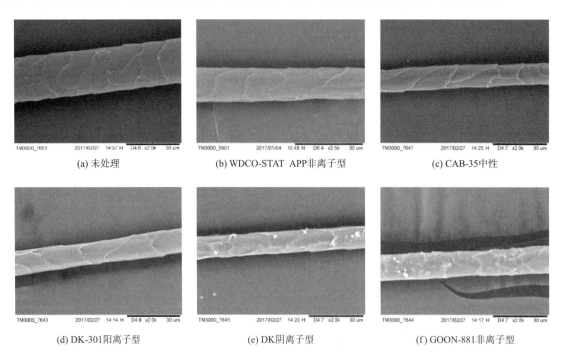

(a) 未处理　　　　　　　(b) WDCO-STAT APP非离子型　　　　　(c) CAB-35中性

(d) DK-301阳离子型　　　　　　(e) DK阴离子型　　　　　　(f) GOON-881非离子型

图5-7　抗静电剂对驼绒鳞片层的影响

由图5-7可以看出：驼绒在涂覆抗静电剂后，抗静电剂覆在鳞片层上会形成一层连续亲水性薄膜，尤其是鳞片层间隙处薄膜明显，由于驼绒表面被抗静电剂覆盖，因此，驼绒纤维表面光滑平顺，抗静电效果得到改善。

3.抗静电整理对纤维摩擦因数的影响

采用XCF-1A型纤维摩擦因数测试仪对单纤维进行摩擦性能测试。仪器通过高精度测力传感器测试纤维受摩擦力大小，实时显示摩擦力波动变化曲线，自动计算纤维静、动摩擦因数及测试过程中摩擦力变异大小。设置参数：预加张力为0.2 cN，实验速度转速为30.0（r/min），样本容量20。

由图5-8可以看出：DK-301阳离子抗静电剂和GOON非离子抗静电剂对牦牛绒纤维抗静电处理效果不太理想，其他三种抗静电剂使牦牛绒的抗静电效果得到很好的改善，尤其是CAB中性抗静电剂效果最佳，CAB抗静电剂处理牦牛绒的摩擦因数比DCCA处理后纤维的摩擦因数低，而且对纤维没有损伤。因为使用表面活性抗静电剂，其在纤维表面形成一层亲水性薄膜，会使得纤维变得光滑平顺，纤维摩擦因数降低，可改善纤维抗静电效果，同时这种抗静电剂处理方式不会损伤纤维。

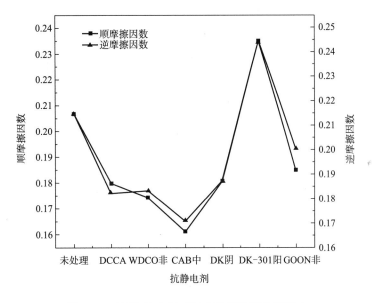

图5-8 不同抗静电剂对牦牛绒摩擦因数的影响

由图5- 9 可以看出：DK阴离子抗静电剂、DK-301阳离子抗静电剂和GOON非离子抗静电剂对驼绒纤维抗静电处理效果不太理想，WDCO非离子抗静电剂对驼绒纤维的抗静电效果最好。使用表面活性抗静电剂处理驼绒纤维，使得纤维摩擦因数降低，主要因为驼绒纤维表面形成一层亲水性薄膜，使得纤维变得光滑平顺。使用WDCO非离子和CAB中性抗静电剂比DCCA处理的抗静电效果好，且对纤维没有损伤。

4. 抗静电处理对纤维的静电压影响

织物的抗静电处理效果常用静电半衰期和静电电压来表征织物在带电情况下表面电荷积

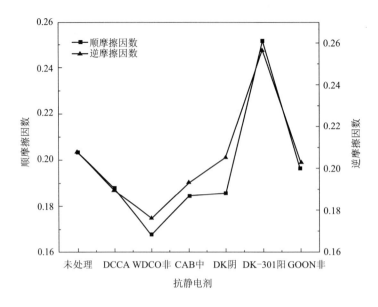

图5-9　不同抗静电剂对驼绒摩擦因数的影响

聚量、电荷积聚能力和因摩擦能够引起的静电电荷量。采用YG-401织物感应式静电测试仪，按FZ/T 01042—1996《纺织材料静电性能摩擦静电电压测定》标准对处理过的织物摩擦静电电压进行测试。测试条件：温度20 ℃、相对湿度30%、40%。通过对牦牛绒和驼绒织物摩擦/感应静电压和衰减静电压试验分析织物的抗静电效果（图5-10、图5-11）。

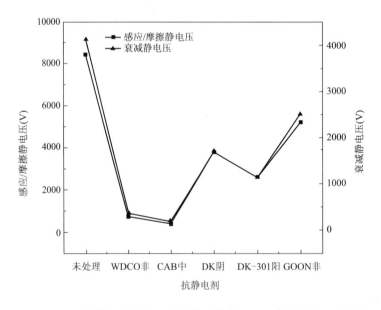

图5-10　不同抗静电剂对牦牛绒感应/摩擦静电压和衰减静电压的影响

由图5-10可以看出：经过抗静电剂处理之后，牦牛绒纤维的感应/摩擦静电压和衰减静电压都有明显的降低，说明使用抗静电剂能够使牦牛绒纤维获得很好的静电效果。主要原因是使用表面活性抗静电剂使得纤维表面覆盖着一层亲水性、导电性良好的薄膜，改善了纤维亲水性并降低了纤维感应/摩擦静电压，尤其是DK-301抗静电剂对牦牛绒纤维的处理效果最好。

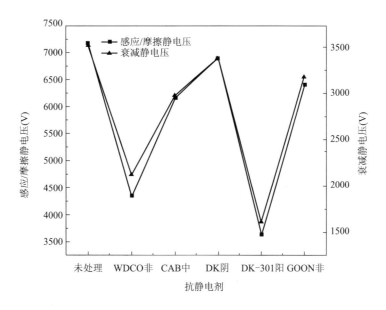

图5-11　不同抗静电剂对驼绒感应/摩擦静电压和衰减静电压的影响

由图5-11可以看出：经过抗静电剂处理之后，驼绒纤维的感应/摩擦静电压和衰减静电压都有明显的降低，说明使用抗静电剂能够使驼绒纤维获得很好的静电效果。相较于其他抗静电剂，使用DK-301抗静电剂驼绒纤维的衰减静电压为1598 V，低于2000 V，说明DK-301抗静电剂对驼绒纤维的处理效果很好。这是因为使用表面活性抗静电剂覆盖在纤维表面形成一层亲水性、导电性良好的薄膜，从而改善了纤维亲水性并降低了纤维摩擦效应。

三、牦牛绒与驼绒混纺针织面料性能

选择牦牛绒、驼绒与羊毛和绢丝混纺，原因是羊毛长且强力高，有利于纺纱工序顺利进行；绢丝光泽绚丽，能赋予毛纺产品高雅贵重感，通过混纺可以提高其产品附加值。研究表明在混纺纱中牦牛绒的含量在50%左右，牦牛绒纤维成纱质量较好。结合工厂对混纺纱线的加工，选择牦牛绒、驼绒与绢丝和羊毛的混纺比分别为100%/0/0、50%/30%/20%、50%/40%/10%的混纺纱线，然后用横机织成织物。通过对混纺织物的顶破性、透气性和保暖性、光泽度等性能进行分析，探究不同比例的牦牛绒、驼绒与羊毛和绢丝混纺织物的服用性能，为今后工厂开发该类产品提供理论参考依据。

（一）织物试样制备

1. 牦牛绒织物试样制备

选用由江苏联宏纺织有限公司提供的支数为26公支/2牦牛绒/绢丝/羊毛、13公支/2驼绒/绢丝/羊毛（混纺比分别为100%/0/0、50%/30%/20%、50%/40%/10%）的成品纱，进行牦牛绒/绢丝/羊毛和驼绒/绢丝/羊毛混纺织物性能研究，纺纱装置是产自意大利的圣安德烈VSN型纺纱机。

为了分析混纺织物中不同混纺比对织物性能的影响，用电脑横机分别编织了牦牛绒/绢丝/羊毛和驼绒/绢丝/羊毛的1+1罗纹组织织物。由于织造过程的张力作用，织物下机后不能直接进行测试，先将罗纹织物在标准条件下平铺，静置24 h，使织物松弛平衡，然后测量织物的相关尺寸和参数。牦牛绒混纺纱线及针织物试样规格见表5-14、表5-15。

表5-14 牦牛绒混纺纱线规格

牦牛绒/绢丝/羊毛	纱支（Nm）	纺纱工艺
100%/0/0	26/2	环锭纺
50%/30%/20%	26/2	半精纺
50%/40%/10%	26/2	半精纺

表5-15 牦牛绒混纺针织物试样规格

纱线支数（公支）	牦牛绒/绢丝/羊毛混纺比	克重（g/m²）	厚度（mm）	纵密（线圈/5 cm）	横密（线圈/5 cm）
26/2	100%/0/0	165	1.94	42	32
26/2	50%/30%/20%	184	2.05	44	34
26/2	50%/40%/10%	186	2.02	42	32

2. 驼绒织物试样制备

驼绒混纺纱线规格及针织物试样见表5-16、表5-17。

表5-16 驼绒混纺纱线规格

驼绒/绢丝/羊毛	纱支（公支）	纺纱工艺
100%/0/0	13/2	粗纺
50%/30%/20%	13/2	粗纺
50%/40%/10%	13/2	粗纺

表5-17 驼绒混纺针织物试样规格

纱线支数（公支）	驼绒/绢丝/羊毛混纺比	克重（g/m²）	厚度（mm）	纵密（线圈/5 cm）	横密（线圈/5 cm）
13/2	100%/0/0	245	2.87	28	20
13/2	50%/30%/20%	255	2.73	30	24
13/2	50%/40%/10%	248	2.75	30	22

（二）牦牛绒混纺纱及织物的性能

纯牦牛绒的可纺性不好导致其在用于产品设计和工艺生产时，通常与具备特殊优良性能的其他毛类纤维以不同比例混纺成纱线，混纺不仅大大改善纺纱性能，还能因混纺引进的纤维品种不同而赋予牦牛绒与驼绒织物其他织物的风格。

1. 牦牛绒混纺纱线的断裂强力

一般情况下，当纱线受到外力作用时，纱线内部纤维会先断裂，影响织物的耐磨性能，因此，纱线的拉伸性能是反映织物服用性能的一个重要指标。测试牦牛绒/绢丝/羊毛混纺纱线的断裂强力，结果如图5-12所示。

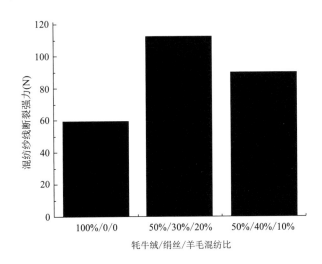

图5-12 不同混纺比对牦牛绒混纺纱线断裂强力的影响

由图5-12可知，100%纯牦牛绒纱线的断裂强力小，牦牛绒/绢丝/羊毛的混纺纱线的强力远大于纯纺纱线。随着混纺纱线中羊毛含量的增加，混纺纱线的断裂强力增加。这是因为绢丝和羊毛纤维的断裂强力比牦牛绒纤维的强力大，混纺使纺纱性能提升，纱线变得更加紧密，纤维之间缠绕和抱合作用力增加。说明牦牛绒/绢丝/羊毛混纺使纺纱性能显著提升，纱线断裂强度得到改善。

2. 牦牛绒混纺织物的顶破强力

一般测试针织物的强伸性能主要采用顶破强力测试其强度，顶破是反映织物机械性能的重要指标。不同组织织物的拉伸性能不同，顶破测试因其试样的尺寸不同，可以反映织物多方向受力情况，被广泛应用于针织物测试。因受力会导致人体服用时的舒适感以及织物长久使用的耐用性变化，因此，顶破测试常常被用来考核针织产品的牢度。测试牦牛绒/绢丝/羊毛混纺织物的顶破强力，结果如图5-13所示。

由图5-13可知，纯牦牛绒织物的顶破强力最小，随着混纺织物混纺比的改变，牦牛绒混纺织物的顶破强力增加。混纺毛织物顶破强力均值在250 N以上，说明牦牛绒/绢丝/羊毛混纺织物能够满足生产及服用要求，可以应用于实际生产。

3. 牦牛绒混纺织物的透气性能

织物透气性是指在织物两面有压力差的情况下，透过空气的能力。织物的透气性能是织物服用性能的主要内容之一，与保温性和舒适性息息相关，因此，研究针织物的透气性具有

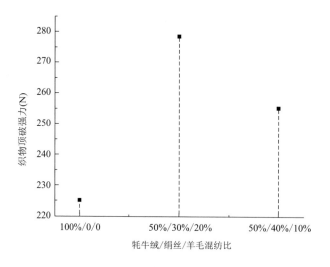

图5-13　不同混纺比对牦牛绒混纺织物顶破强力的影响

重要的意义。织物的透气性与织物本身的结构，如面密度、横密、纵密、纱线特数等相关，同时与纤维自身的内部结构关系很大。测试牦牛绒/绢丝/羊毛混纺织物的透气性，结果如图5-14所示。

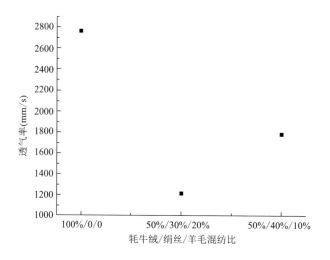

图5-14　不同混纺比对牦牛绒混纺织物透气性的影响

　　由图5-14可知，随着牦牛绒/绢丝/羊毛织物中羊毛混纺比的增加，织物的透气率会下降，但是整体透气率均维持在1100 mm/s以上，相对其他毛类纤维而言，牦牛绒针织物具备很好的透气性，比如，同等纱支、混纺比下的羊毛织物透气率在650 mm/s左右，貂毛在800 mm/s左右。这可能是由于组织结构或者纱线混纺比不同，都会使得织物的透气率不同，牦牛绒纤维天生粗细不匀（测试细度CV值为25.12%），所以100%纯牦牛绒纺纱时，纤维极易散落出纱线。牦牛绒/绢丝/羊毛纱线随着羊毛混纺比的增加，纱线变得更紧密细致，并且强度更好，虽然透气率有一定程度下降，但是整体而言，透气率优良。说明其很适合作为高档毛面料。

4. 牦牛绒混纺织物的保暖性能

表5-18　牦牛绒/绢丝/羊毛混纺织物的保暖性测试

牦牛绒/绢丝/羊毛混纺比	克罗值（CLO）	保温率（%）
100%/0/0	0.268	35.5
50%/30%/20%	0.478	42.4
50%/40%/10%	0.289	40.2

由表5-18可知，牦牛绒混纺织物的保暖性与混纺纱线的种类和混纺比有关。混纺织物的保暖性优于纯牦牛绒，由于纯牦牛绒织物的孔隙大使得织物的透气性增加，保暖性降低。但随着羊毛含量的增加，混纺织物的保暖性提升。主要是由于混纺过程中，混纺纱线变得更加紧密细致，纤维之间抱合效果更好，伸出纱线外端的纤维变少，纱线内纤维紧密，纤维的保暖性提升。因此，混纺纱线可以改善织物的保暖性。

（三）驼绒混纺纱及织物的性能

纯驼绒的纺纱性不好导致其在用于产品设计和工艺生产时，通常需与具备特殊优良性能的其他毛类纤维以不同比例混纺成纱线，混纺不仅大大改善纺纱性能，还能因混纺引进的纤维品种不同而赋予驼绒织物其他织物的风格。

1. 驼绒混纺纱线的断裂强力

不同混纺比驼绒/绢丝/羊毛混纺纱线的断裂强力测试结果如图5-15所示。

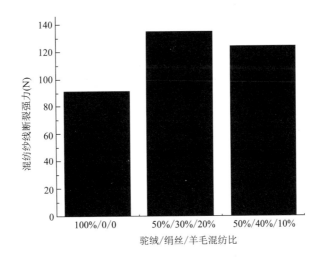

图5-15　不同混纺比对驼绒混纺纱断裂强力的影响

由图5-15可知，在驼绒/绢丝/羊毛混纺纱线中，100%纯驼绒纱线的强力最低。随着混纺纱线中羊毛含量的增加，混纺纱线的断裂强力增加，因为羊毛纤维比驼绒纤维长度大、强力高，在混纺时羊毛纤维被挤压到纱线中心起到主体作用，从而增加纱线强力。结果表明：通过混纺纱线可以有效地提高成纱质量，改善纱线强度。

2. 驼绒混纺织物的顶破强力

不同混纺比驼绒/绢丝/羊毛混纺织物的顶破强力测试结果如图5-16所示。

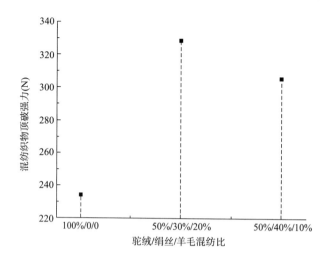

图5-16　不同混纺比对驼绒混纺织物顶破强力的影响

由图5-16可知，随着混纺织物混纺比的增加，驼绒混纺织物的顶破强力增加，织物的顶破强力变化趋势与混纺纱线的断裂强力变化趋势一致。随着羊毛纤维含量的增加，混纺织物的强力增大。这是因为混纺使纱线间的间隙减少，纱线变得更加紧密，纤维之间缠绕和抱合作用力增加，驼绒混纺织物的顶破强力增加。驼绒混纺织物的顶破强力在300 N以上，说明驼绒/绢丝/羊毛混纺织物能满足实际生产中的强力要求。

3. 驼绒混纺织物的透气性能

不同混纺比驼绒/绢丝/羊毛混纺织物的透气性测试结果如图5-17所示。

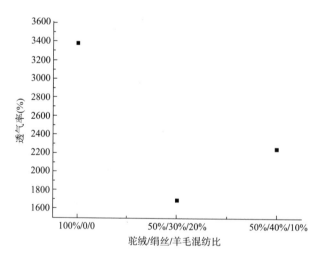

图5-17　不同混纺比对驼绒混纺织物透气性的影响

由图5-17可知，100%纯驼绒混纺织物的透气性最好，其次是混纺比为50%/40%/10%的驼绒/绢丝/羊毛混纺织物。随着纺织物中羊毛含量的增加，织物的透气率会下降。主要由于混纺纱线的增加，使得纱线间的间隙减少，纤维的抱合力增加。驼绒纱线变得更紧密细致，导致透气率有一定程度下降，但织物的透气率都在1600 mm/s之上，整体而言，驼绒混纺织物具有优良的透气性能。

4. 驼绒混纺织物的保暖性能

不同混纺比驼绒/绢丝/羊毛混纺织物的保暖性测试结果见表5-19。

表5-19　驼绒/绢丝/羊毛混纺织物的保暖性测试

驼绒/绢丝/羊毛混纺比	克罗值（CLO）	保温率（%）
100%/0/0	0.228	30.3
50%/30%/20%	0.375	40.1
50%/40%/10%	0.253	37.9

由表5-19可知，随着其他纤维混纺比的增加，驼绒混纺织物的保暖性增加。纯驼绒织物中纱线间隙大，导致纯驼绒织物透气性好，保暖性降低。但随着羊毛含量的增加，混纺织物的保暖性得到改善。这主要因为驼绒与羊毛混纺使纱线变得更加紧密细致，纱线之间间隙减小，纤维之间抱合效果更好，混纺织物的保暖性增加。因此，驼绒/绢丝/羊毛混纺织物可以应用在围巾、衬衫、大衣等高档纺织品中。

（四）牦牛绒和驼绒混纺织物的应用

（1）牦牛绒/绢丝/羊毛和驼绒/绢丝/羊毛混纺纱线会随着混纺成分增加，纱线的强力提高，纱线混纺可以提高纱线强力，改善成纱质量。

（2）牦牛绒和驼绒纤维原料粗细不匀（牦牛绒细度CV值是25.12%，驼绒细度CV值是28.14%），造成纺纱困难，纯牦牛绒和纯驼绒纱线在同等支数的情况下比其他混纺纱线强力低。最终造成其透气性大、保暖性降低、织物强力下降。而随着羊毛与绢丝的混纺比例增加，混纺纱线纺纱性能得到改善，混纺纱线内纤维之间相互纠缠，抱合紧密，纱线变得细致紧密、纱线强力上升、纱线间孔隙缩小，织物的服用性能得到改善。

（3）牦牛绒/绢丝/羊毛和驼绒/绢丝/羊毛混纺织物强力大，保暖性佳、色泽柔美、手感好，应用在围巾、衬衫、装饰品等高档纺织品中有很好的发展前景。

目前对于牦牛绒与驼绒的混纺研究，主要是将牦牛绒、驼绒与绢丝以及羊毛等天然蛋白质纤维进行混纺，绢丝的光泽柔美，手感好，吸湿性好，用在轻薄的高档纺织品中，既可以改善织物的风格，又可以使产品美观。

参考文献

［1］上海市毛麻纺织工业公司.毛纺原料［M］.北京：纺织工业出版社，1983.

［2］LIU X，WANG X，WANG L. A study of Australian alpaca fibres［C］// China International Wool Textile Conference. 2002:102-111.

［3］王亚中，芦玉花.牦牛绒（毛）的纤维特征和性能分析［J］.毛纺科技，2002

（1）:18-20.

［4］张凤涛，吴红玲，蒋少军.驼绒改性的研究［J］.上海纺织科技，2004，32
（6）:14-15.

［5］唐明迷.驼绒中空纱线的开发及其针织物性能研究［D］.上海：东华大学，2014.

［6］LOGAN R I，RIVETT D E，TUCKER D J，et al. Analysis of the intercellular and membrane lipids of wool and other animal fibers.［J］. Textile Research Journal，1989，59（2）:109-113.

［7］EIMAS M，UNEY K，KARABACAK A，et al. Pharmacokinetics of flunexin-meglumin following intravenous Administration in angorarabbits［J］. Bulletin of the Veterinary Institute in Pulawy，2005，49（1）:85-88.

［8］李维红，郭天芬，牛春娥.4种常见毛皮动物毛纤维组织学结构研究［J］.黑龙江畜牧兽医，2013（15）:145-147.

［9］王长伍，陈前维.特种动物纤维基本物理机械性能对比［J］.纺织科技进展，2008（5）:68-69.

［10］李惠军，赵君红.超细羊毛纤维结构与性能的研究［J］.新疆大学学报（自然科学版.2014，31（4）：497-499.

［11］崔万明.牦牛绒的各项性能分析［J］.上海纺织科技，2002，30（3）:11-13.

［12］李蔚，刘新金，徐伯俊，等.牦牛绒与骆驼绒及羊绒的物理性能对比［J］.纺织学报，2015，36（8）:1-5.

［13］赵君红.驼绒纤维的结构与性能研究［D］.乌鲁木齐：新疆大学，2015.

［14］任永涛.头发纤维聚集态结构与拉伸性能的关系［D］.上海：复旦大学，2009.

［15］蔡玉兰.驼绒纤维工艺性能研究［J］.中原工学院学报，2000（1）:70-71.

［16］王桂芬，吕宪禹，樊廷玉，等.牦牛绒、驼绒的氨基酸组成［J］.氨基酸和生物资源，1988（3）:27-28.

［17］JUS S，SCHROEDER M，GUEBITE G M. The influence of enzymatic treatment on wool fibre properties using PEG-modified proteases［J］.Enzyme & Microbial Technology，2007，40（7）:1705-1711.

［18］MIDDIEBROOK W R，PHILLIPS H. The Application of Enzymes to the Production of Shrinkage-resistant Wool and Mixture Fabrics［J］. Coloration Technology，2010，57（5）:137-143.

［19］PROFESSOR J. B. SPEAKMAN，A. N. Davidson，R. Preston. Shrink-resisting wool:some novel features and the description of a new process［J］. Journal of the Textile Institute Proceedings，1956，47（8）：685-707.

［20］WAKIDA T，CHO S，CHOI S，et al. Effect of low temperature plasma treatment on color of wool and nylon 6 fabrics dyed with natural dyes.［J］. Textile Research Journal，1998，68（11）:848-853.

［21］SUN D，STYLIOS G K. Fabric surface properties affected by low temperature plasma treatment［J］. Journal of Materials Processing Technology，2006，173（2）:172-177.

［22］骆婉茹. 貉毛纤维脱色及染色工艺研究［D］. 上海：东华大学，2016.

［23］刘婵，谢春萍，刘新金，等. 亚铁离子质量浓度对黑牦牛绒纤维脱色的影响［J］. 纺织学报，2016，37（4）:21-26.

［24］陈念. 牦牛绒的氧化—还原脱色及再染色研究［J］. 成都纺织高等专科学校学报，2015（2）:17-25.

［25］孙洁，贺江平，郭蓉如. 牦牛绒氧化—还原法脱色工艺［J］. 毛纺科技，2012，40（2）:40-42.

［26］郑卫宁. 有色羊毛和特种动物纤维的漂白［J］. 天津工业大学学报，1996（4）:71-75.

［27］张健飞，滑钧凯，刘建勇，等. 紫绒脱色最佳工艺探讨［J］. 天津工业大学学报，1997（2）:37-41.

［28］葛启，邓宝祥. 羊绒与羊绒净洗剂［J］. 天津工业大学学报，1996（1）:10-13.

［29］杨锁廷. 特种动物纤维的鉴别和含量测定［J］. 中国纤检，1990（10）:2-3.

［30］郑超斌. 毛皮褪色漂白工艺［M］. 北京：中国轻工业出版社，1997.

［31］LAXEG G，WHEWELL C. Adsorption of Metal Ions by Naturally Pigmented Keratin Fibres［J］. Coloration Technology，2010，69（3）:83-83.

［32］WOLFRAM L J，HUI I. The Mechanism of Hair Bleaching［J］. J.Soc.Cosmet. Chem，1970:875-900.

［33］孙洁，贺江平，郭蓉如. 牦牛绒的氧化—还原法剥色工艺研究［J］. 染整技术，2011，10.

［34］阎克路，K.SCHAEFER. 牦牛绒选择性漂白工艺的研究［J］. 纺织学报，2002，23（1）:7-9.

［35］阎克路，宋心远，K.SCHAEFER，等. 蛋白酶和盐酸分离牦牛绒中黑色素的研究［J］. 纺织学报，2001，22（6）:348-351.

［36］滑钧凯，焦璠，吴丽华. Lanasol染料染羊毛的工艺研究［J］. 染料与染色，1982（6）:42-46.

［37］梁凤英. 活性染料染羊毛工艺探讨［J］. 山东纺织科技，2005，46（1）:17-19.

［38］官巍，徐霞. 水解活性染料在酸性条件染羊毛的工艺研究［J］. 染整技术，2010，32（7）:12-17.

［39］贾高鹏，曾春梅，樊理山. 两种测量方法对棉纤维电阻测试的影响［J］. 棉纺织技术，2015，05:37-40.

［40］PAIL THORPE M T. Antistatic Wool. Part Ⅲ: Reactive Quaternary Ethoxylated Amines as Antistatic Agents for Wool［J］. Journal of the Textile Institute，1988，79（3）:356-366.

［41］赵国梁，武荣瑞，John Curiskis，等. 羊毛/改性涤纶混纺织物干、湿热整理性能研究［J］. 毛纺科技，2003（3）:3-7.

［42］何奕中，聂建斌. 精纺羊驼毛纱生产工艺的研究［J］. 毛纺科技，2008（9）:36-38.

［43］王少华.亚麻/绢丝/羊驼毛混纺有色针织纱的开发［J］.毛纺科技，2010，38
（4）:22-24.

［44］汪淼，黄婷婷，徐艳艳，等.羊驼毛针织物的服用性能研究［J］.针织工业，2014
（9）:30-32.

［45］张新文，刘明秋.牦牛绒/涤、棉混纺织物染整工艺初探［J］.轻纺工业与技术，
2001，30（3）:25-27.

［46］李蔚，刘新金.精纺细特牦牛绒纯纺纱的工艺研究［J］.上海纺织科技，2014
（11）:35-36.

［47］张凤涛，吴红玲，蒋少军.提高驼绒纺纱性能的研究［J］.印染助剂，2004，21
（6）:30-32.

第六章 骆马绒纤维及其性能

羊驼毛和骆马毛的生产和加工有着悠久的历史,早在2000多年前,小羊驼(vicugna)就是古印加皇室专用材料,普通平民只能用骆马毛制作衣物。从原料的挑选和采购,到最终的制成品,都有着成熟的技术和生产链。在南美洲,羊驼毛产业在全球范围内也是首屈一指,值得整个毛纺领域学习和借鉴。但是,鉴于南美纺织基础薄弱,生产技术、生产条件的限制,骆马毛仍然视作是质量较次的一种低档、粗支纺织原料,尚不能得到充分的开发和利用。2018年玻利维亚共和国总统胡安·埃沃·莫拉莱斯·艾马访华期间,就骆马毛纤维的应用和开发向中国政府寻求支持和帮助。

一、骆马(Llama Qara)绒纤维
(一)骆马绒纤维概述

根据安第斯驼科的分类(图6-1)可以得知,安第斯驼科分为骆马属(llama)和小羊驼属(vicugna),其中骆马属向下分为骆马(llama)和原驼(guanaco),小羊驼属可向下分为羊驼(alpaca)和小羊驼(vicugna),虽然骆马中又分为两个品种,Qara和Chaku,但当地人在纺织加工应用中使用最多的是Chaku,而羊驼也有两个种类,分别是华卡约和苏力,其绒均可作为纺织加工原料。但是,羊驼(alpaca)和骆马(llama)属于不同的物种,骆马毛

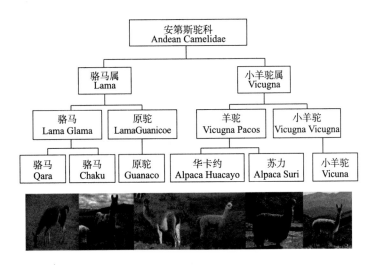

图6-1 安第斯驼科的分类

的粗毛大多是贯通形的髓腔，皮质层较薄，刚性大；而骆马细毛基本无髓腔，刚性小而柔性大，具有正皮质、侧皮质分布而形成的一定的天然卷曲。粗毛、细毛之间细度差异较大，髓腔、结构、性能差异较为明显，特别是骆马粗毛又粗又直，髓腔直径大而且多是贯通形状的，严重制约着骆马毛的染色性、可纺性。从根本上确定了骆马经梳绒而生产的骆马绒纤维与套毛使用的羊驼毛纤维具有本质的区别。

骆马（llama）的色系、颜色、品类丰富，天然形成了白、米白、浅驼、驼、咖、棕、黑、灰等多种颜色，由此拼混、调色可形成天然多色系的几十种颜色。相比于其他驼科动物，骆马生活在更高海拔（3500～5000 m以上）的安第斯高原上，气候环境更加恶劣，昼夜温度在0～40℃变化以及强烈的紫外线辐射。因此，骆马普遍覆有棕色的躯干毛皮，黑色或灰色的头部毛皮和颜色均匀的四肢毛皮。其躯干部分的被毛都是由两层毛丛构成（图6-2），可以抵挡高原严寒和强烈的日光照射，上层毛丛粗糙，粗纤维可达到90 μm。底层生长着一层又细又软的致密的绒毛，正是由于较长较粗硬的刚毛的存在，从而保护了底绒的光泽和质感，但也降低了骆马纤维的商业价值，因此，长期以来，骆马纤维因其粗而长的体外被毛，被人们视同为猪毛一样的刚性毛发纤维而遭废弃。只有体侧的少量纤维经过简单的人工分选，单纺或混纺后用于低档纺织品，制作针织品和机织外衣或用于制造地毯、绳子等。因为忽视了骆马绒的存在或鉴于南美纺织基础薄弱，生产技术、生产条件的限制而无法分梳或分梳不彻底，由此产生了骆马毛是质量较次的一种低档、粗支纺织原料的误解。

2013年，从事羊驼毛原料进口20年的青岛保税区安科国际贸易有限公司派出纺织材料的专业技术人员赴秘鲁、玻利维亚、英国、澳大利亚对骆马纤维原料进行重点考察。从牧场、饲养、剪毛、分选、洗毛等各道工序以及后续应用进行分析提炼，提出了以骆马绒代替骆马毛生产高档纺织原料的概念，确立了以山羊绒梳绒工艺生产骆马绒纤维的生产工艺。改变了市场对骆马纤维低档化的认知，大幅度提升了骆马绒纤维的价值。骆马绒纤维以其光泽柔和、手感滑糯与山羊绒风格相近且强力、服用性能均优于山羊绒而倍受市场青睐。

图6-2 骆马被毛与底绒

骆马绒纤维是近几年由青岛保税区安科国际贸易有限公司推向市场前沿的一种新型环保动物纤维，是世界上最接近山羊绒的天然蛋白纤维，而价格仅是山羊绒的30%左右，既具有山羊绒的手感，又具有马海毛的光泽，抗起球、抗折皱、回复性好，且颜色丰富。已推出各种纯天然、无染色的新型服装服饰材料，越来越受到市场的重视，并在欧盟、美国、日韩等纺织发达国家受到广泛欢迎。部分面料已被MAXMARA、优衣库、无印良品等世界知名品牌采用。

在对骆马纤维进行纺织加工的时

候，利用国内成熟的山羊绒梳绒工艺，考虑到骆马纤维长度较长、含脂低、强力高、弱结多的特点，通过工艺改进和技术革新对骆马洗净毛进行12~16遍分梳，彻底除去没有商业价值的刚毛，留下底层的骆马绒。分梳后的骆马绒纤维长度可达45~65 mm，细度为19~23 μm。可广泛应用于粗纺、半精纺以及半精梳精纺系统的纺纱。可生产高档的围巾、披肩、帽子、针织衫及粗纺面料。

（二）骆马绒纤维形态与结构

骆马粗毛较长，粗毛和绒毛的直径差异比山羊毛小，变化范围为10~150公忽（1公忽≈0.00001英寸），绒毛为10~20公忽。纤维表层的鳞片不明显，皮质层含有色素，由于色素的多少和分布不同，从而形成各种颜色和色调。除最细的纤维以外，几乎都有毛髓，因而密度小，重量轻。

1. 骆马绒纤维长度与细度

羊驼毛纤维直径为22~30 μm，长度为50~200 mm，最长可达到400 mm，因生存条件和生活环境而具有较多的弱节，韧性是绵羊毛的2倍，强力和保暖性远高于羊毛。骆马毛长度与羊驼毛相近，经过梳绒后的骆马绒长度较羊驼毛短些，长度为45~80 mm，羊驼毛和骆马毛都属于长纤维，但骆马绒长度更适合于各种纺纱系统的生产，长度离散较小，具有更高的可纺性。

根据市场供应情况，纺织用羊驼毛（毛条）的细度范围为19~35 μm，根据产品需要，产地供应商主要分为Royal-BL（平均细度为18~20 μm）；BL（平均细度为21.5~22.5 μm）；FS（平均细度为25.5~26.5 μm）；HZ（平均细度为30~32 μm）；AG（平均细度为33/35 μm）五个品级，而骆马绒的主体细度在18.5 μm左右，根据产品的需要，在分梳中分为U20（平均细度为19.5~20.5 μm），非常适合亲肤感的围巾和披肩；U22（平均细度为21.5~22.5 μm）是最好的毛衣原料；U23（平均细度为22.5~23.5 μm），适合粗纺大衣面料的生产，在23.5 μm细度范围内的骆马绒，主产地原料供应商专门注册了"Llamasoft"商标加以保护，并获得了OEKO-TEX Standard 100的标准认证，而超过这个细度的粗毛则被生产商严格控制，只能用于地毯和毛毡的生产或用作被子、玩具的填充物。

2. 骆马绒纤维的鳞片结构

决定羊驼毛和骆马绒手感差异和性能差异的主要原因并不是纤维细度，而是纤维的鳞片结构、形态，纤维内部正反皮质层的分布以及髓腔大小和皮质层的厚薄。

（1）生物显微镜切片观察纤维截面。采用哈式切片器对羊驼毛和骆马绒经行切片，将切下来的纤维截面切片迅速放至滴有甘油的载玻片中，加盖玻片，将气泡全部挤出。放大倍率为目镜10倍，物镜40倍，之后再将放大倍率调整为目镜10倍，物镜100倍，然后对观察到的纤维截面进行拍照。

如图6-3和图6-4所示为羊驼毛纤维和骆马绒纤维切片观察的图像，可以看出羊驼毛纤维截面中心处阴影为羊驼毛纤维的髓腔。有髓毛占比较大，纤维直径差异较大，具有明显的粗细不匀；骆马绒纤维截面无阴影，表明骆马绒纤维基本没有髓质层，纤维的直径差异较大，粗细更为均匀。

（2）SEM观察骆马绒纤维鳞片。采用TM 3000观察经过不同处理后骆马绒纤维的表面鳞片层结构的变化（图6-5）。

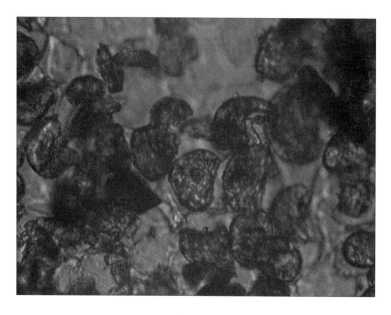

图6-3　羊驼毛纤维切片

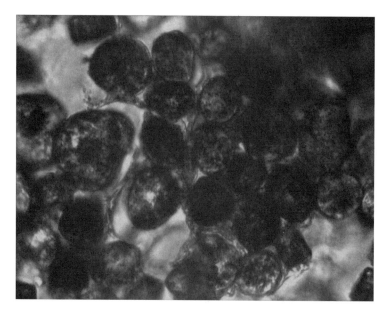

图6-4　骆马绒纤维切片

由图6-5可知，骆马绒纤维的鳞片薄而密，包裹紧密、贴伏于毛干，鳞片张角小，使得对光的反射向同一方向进行，导致纤维表面光泽较好，呈现出毛绒制品天然的光泽。表面鳞片的包裹呈环状、瓦块状、龟裂状，鳞片高度为8 μm，纤维纵向平滑，横截面多为圆形，少部分近似椭圆形。表面积较大，除了对光泽有明显提升之外，在手感方面，其纤维及其制品手感滑糯细腻。

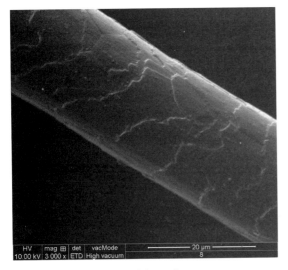

（a）放大3000倍

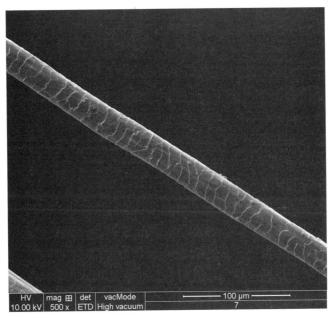

（b）放大1500倍

（c）放大500倍

图6-5　骆马绒纤维纵向外观

二、骆马绒纤维性能

（一）骆马绒纤维的摩擦性能

毛纤维表面的鳞片结构使得毛纤维具有摩擦效应，能够直接影响毛纤维的生产加工以及织物的毡缩性。采用XCF-1A型纤维摩擦因数测试仪对单纤维进行摩擦性能测试。

不同细度骆马绒和羊驼毛的动静摩擦性能实验数据见表6-1，各数据为20个样本的平均值。

表6-1 骆马绒和羊驼毛的动静摩擦性能

品种	f静（10^{-3}cN）	u静	f动（10^{-3}cN）	u动	S（%）
骆马绒U20	39.6	0.0703	39.3	0.0698	1.9
骆马绒U22	40.3	0.0716	39.8	0.0707	1.5
骆马绒U23	56.0	0.1046	55.5	0.1036	1.3
羊驼毛贝贝	63.1	0.1209	61.0	0.1160	2.3

注 U20、U22和U23，分别表示纤维细度在20 μm左右、22 μm左右、23 μm左右。

通过实验数据可以得知，骆马绒不同细度纤维的动静摩擦力和摩擦因数普遍小于羊驼毛，即便是同细度的骆马绒和羊驼毛，骆马绒的动静摩擦力和摩擦因数也均小于羊驼毛。原因是骆马绒纤维的表面鳞片比羊驼毛的更贴合纤维主体，鳞片呈环状包裹，包覆角更大，包裹更为紧密，且鳞片边缘更加整齐，与纤维纵向的夹角也更小，几乎为零，从而使得纤维表面光滑，摩擦较小。

（二）骆马绒纤维强力

依照GB/T 4711—1984《毛纤维强力和伸长实验的方法》对不同细度骆马绒和羊驼毛的纤维强力进行测试，数据见表6-2，数据均为20个样本的平均值。

表6-2 骆马绒和羊驼毛纤维强力

品种	强力（cN）	伸长率（%）	强度（cN/dtex）	模量（cN/dtex）	比功（cN/dtex）
骆马绒U20	8.11	33.29	2.70	53.89	0.64
骆马绒U22	8.19	33.53	2.73	57.49	0.64
羊驼毛U22	11.21	38.14	3.74	61.60	0.96
羊驼毛U24	13.80	40.89	4.60	75.15	1.21
苏力	13.89	42.92	4.63	93.41	1.38

注 U20、U22、U24，分别表示纤维细度在20 μm左右、22 μm左右和24 μm左右。

由实验数据可知：骆马绒的强力、强度、伸长率、模量和比功普遍低于羊驼毛；纤维的细度越大，纤维的强力和模量也随即增大；强力增大对纤维性能起到正向作用，但模量增大会使得纤维表现为手感粗硬，是反向作用。因此，在纤维强力满足工业生产和服用性能之后，模量越低，纤维及其制成品手感越好。可以说明，骆马绒的手感比羊驼毛更加细腻柔软。

（三）骆马绒与羊驼毛纤维性能对比

与羊驼毛纤维相比，骆马绒具有以下优点。

（1）极为柔软。由于纤维表面凸起较少（骆马绒表面凹凸比华卡约羊驼毛更少），骆马绒以丝绸般的柔滑质感著称。

（2）直径小。骆马绒纤维的直径一般在17～23 μm（优质的饲养骆马绒纤维直径现在普遍是15～19 μm）。

（3）骆马绒是贴近骆马体表的高级细支绒性纤维，具有良好的亲肤感，穿着舒适柔滑，没有羊驼毛的刺痒感。

（4）高防水性使骆马绒外套在潮湿环境中也能保持舒适——它能吸收自身重量20%的水分，同时不会产生穿着不适感。

（5）吸湿排汗。对于奢侈品袜子等服饰，骆马绒可以将汗水导离皮肤，保持长时间舒适感受。

（6）无刺激、不致敏、抗静电。许多无法穿着贴身羊毛衣服的人都觉得骆马绒毛衣十分舒适。羊毛中的绵羊油通常会引发过敏反应，使穿着不舒适。骆马绒纤维几乎不含羊毛脂，因此适合更多人穿着，骆马绒衣物也不会产生静电现象。

（7）轻便、保暖。骆马绒的轻便透气使人很难相信其出色的保温性能。现时的奢侈品市场中最温暖的服装便是由骆马绒制成。骆马绒不仅在冬季可以保温，还可以让人在夏季保持凉爽，尤其是骆马绒混纺产品。

（8）多种美丽的天然色彩。天然骆马绒有8种主色，一共达30~50种颜色，并且可以染成任何色彩。因此，骆马绒是完美的环保毛线、纺织品和服饰物料。

（9）阻燃性。骆马绒纤维具有良好的阻燃功能，可以用于婴儿睡衣等服饰。骆马绒在明火下也不会燃烧起来。

（10）少羊毛脂。因生长和生活环境恶劣，骆马绒纤维几乎不含油脂，不仅使其具有良好的自清洁性能，而且洗涤时间较短，在生产和使用过程中更可以使用环保肥皂。

（11）有光泽。这都是因为骆马绒纤维表面平滑，光泽较亮。

（12）抗皱、耐用。服装能够整天自然下垂，保持整洁。强韧度高，人类毛发的强韧度为100、羊毛为122.8、马海毛为136，而骆马绒的强韧度则为358.5。

（13）良好的可纺性、可混纺其他纤维。骆马绒与天然纤维和合成纤维都能混纺，因此，应尽可能在纺织品行业中放大骆马绒的优点：增加织物柔软度和天然光泽，提高产品的高贵感。

三、骆马绒的生产工艺和质量企业标准

2013年，青岛保税区安科国际贸易有限公司通过对骆马及骆马毛纤维进行考察、分析，提出了以骆马绒代替骆马毛生产高档纺织原料的概念，确立了以山羊绒梳绒工艺生产骆马绒纤维的生产工艺和内控质量标准。试运行于生产实际，取得了较好的效果，受到市场的广泛好评，具有高度的可行性。

（一）工艺流程

开包自然回潮→选毛→和毛→梳绒（12~16遍）→混绒（加油水）→装包

1. **回潮**

原料一般为硬包装，开包后自然回潮不低于8 h，以恢复应力，减少短毛渣的形成，利于后道生产。

2. **选毛**

（1）地面要清洁，水泥地面要铺放塑料布，周围不得有草杂、树叶，以防混入原料。

（2）选毛根据制定的标样分出不同颜色和细度，要求颜色、品质兼顾。务必拣出束状的粗毛单独存放。粗而短的头、腿、尾毛要单独存放，以便后道集中处理。分选完成后要分别称取重量。

（3）白色纤维务必分选干净，不得夹有色毛。

（4）为提高生产效率，浅花中可混入少许白色纤维，深花中可混入少许浅花纤维，一般比例不宜超过5%。

（5）原料中若有沥青、油漆、皮块、丙纶丝、铁丝及较大的植物性杂质应予以拣选干净，集中性杂质纤维要拣出单独存放。

（6）大块纤维束、洗毛毡并、毡块要撕碎。

3. 和毛

骆马毛纤维含脂率较低，为减少梳绒过程对纤维长度的损伤，保证成品绒的长度，梳绒前必须进行和毛。和毛的主要作用是柔软纤维，降低纤维之间的摩擦力，减少断毛、毛渣，防止飞尘，改善工作环境，提高制成率。一般采用铺层垂直截取法。

（1）油水比。根据原料重量，加油量不高于0.2%，加水量不高于5%，或在机根据实际情况调整。

（2）铺层分三层。铺好底层、中层时，每层各加一遍油水，顶层铺好后闷2 h，然后垂直截取，人工翻动不少于三遍。

（3）和毛完成后，注意闷毛，毛堆上加盖塑料布或装袋存放，原则上不少于16 h。

4. 梳绒

梳绒是骆马绒生产的核心工序，采用A186梳绒机，利用刺辊高速运转所产生的离心力，将骆马洗净毛的各种杂质排除干净。相比于山羊绒的梳绒工艺，骆马绒梳理过程中要注意改变刺辊隔距，降低车速，提高道夫转速，减少返回负荷，防止纤维缠绕针布。

（1）一般梳理12～16遍，或根据下机成品细度随机调整。

（2）各道毛渣单独存放，便于后道拼混二次梳绒。

（3）车间必须清理干净，不得混入其他纤维，若有其他机台同时生产，务必进行间隔。

（4）保证机台卫生，工作面、车头、车尾、车肚要清理干净，物品存放整齐有序，挂牌显示，不得混淆。

（5）生产顺序。为保证产品质量，减少混色毛，一般按照"白色→浅花→深花"的顺序进行生产。生产浅色产品前，必须用少量同色纤维洗车。

（6）除下机粉尘、毛屑、毛渣外，其他品种均需回收，务必分清。

5. 混绒

（1）根据成品的长度、细度，随机进行拼混。各批混绒前要进行加油水试验，在保证不绕车、无毛粒的情况下，宜多油少水，防止成品存放过程中发生霉变、腐烂。

（2）产成品分正品、副品、次品三个等级。

正品：正品细绒细度计19～26 μm，尽量杜绝粗毛、腔毛；

超细骆马绒（19 μm以内）、骆马绒U20（20.5 μm以内）、骆马绒U22（22.5 μm以内）、骆马绒U23（23.5 μm以内）、骆马绒FS-U26（26.5 μm以内）。

副品：骆马绒HZ，细度计27~30 μm，可含少量粗毛、腔毛。

次品：下脚料，草杂、粗毛、腔毛多。

6. 装包

（1）唛头统一标注在毛包右上角。

（2）写明品种、批号、颜色、毛重、净重、包号。

（3）成品存放必须排列整齐，唛头方向一致，高低一致。

（4）半硬包包装，内衬塑料布，塑料编织布或麻布外包装。

（二）内控质量标准与要求

骆马绒纤维成品技术指标见表6-3。

表6-3　骆马绒纤维成品技术指标

细度	各品种规定细度 ± 0.5 μm	细度离散	≤27%
长度	主体长度45 mm	长度离散	≤37%
毛粒	≤2.5只/g	毛片	不允许
草屑	≤0.5只/g	异色纤维	≤0.1只/g
死毛率	≤0.3%	含油	≤0.65%
皮块、油漆沥青点	不允许		
装包时回潮率	≤18%		

注　a. 毛网要松散均匀，毛团大小尽量一致。

　　b. 纤维缠结在一起形成粒状的，称为毛粒。无论大小、死活均计数。超过最大毛粒标准者为毛片。

四、骆马毛混纺面料性能

以70/30（骆马毛/羊毛）混纺纱和55/45（骆马毛/羊毛）混纺纱为原料，采用加强缎纹的织物组织结构，在底布中加入锦纶纱，增强织物结构，下机后的织物正面经过拉毛、剪毛整理，生产出的织物为单面毛绒织物，可用于制作冬季大衣面料。面料软糯丰盈，悬垂度好，富有光泽，通过一系列织物性能测试，综合对比织物的力学、外观保持、织物风格和热湿舒适等性能。

（一）面料试样制备

1. 纱线原料

此混纺面料试样所用纬纱为自主开发的两款混纺纱，分别为70/30（骆马毛/羊毛）混纺纱和55/45（骆马毛/羊毛）混纺纱，均为16^s/2；经纱则采用48^s/2，80/20（羊毛/锦纶）。

2. 织物组织结构设计

织物组织结构采用八枚五飞纬面加强缎纹，纬纱采用上述两种混纺纱线，经纱则采用80/20(羊毛/锦纶)混纺纱，增强织物组织强力。

加强锻纹以缎纹组织为基础，在其组织点周围添加一个或多个同类组织点。加强缎纹既保留缎纹的织物风格，又增多了纱线交织点，提高织物强力。

如图6-6则为$\frac{8}{5}$纬面缎纹和$\frac{8}{5}$纬面加强缎纹的织物组织图。表6-4为产品设计规格。

(a) $\frac{8}{5}$纬面缎纹

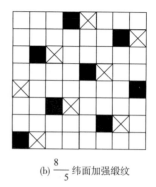

(b) $\frac{8}{5}$纬面加强缎纹

图6-6　织物组织图

表6-4　产品设计规格

规格项目	A织物项目参数	B织物项目参数
经纱	$48^s/2$，80/20（羊毛/锦纶）	$48^s/2$，80/20（羊毛/锦纶）
纬纱	$16^s/2$，70/30（骆马毛/羊毛）	$16^s/2$，55/45（骆马毛/羊毛）
织物组织	$\frac{8}{5}$纬面加强缎纹	$\frac{8}{5}$纬面加强缎纹
原料比例	65/30/5（骆马毛/羊毛/锦纶）	50/45/5（骆马毛/羊毛/锦纶）
经密（10 cm）	280	280
纬密（10 cm）	220	220
幅宽（cm）	150	150
单位重量（g/m²）	580	580

　　织物的经密、纬密、下机幅宽和单位重量（克重）都是经过水洗烘干和拉毛烫光等后整理工序后的目标参数。

3. 织造工艺流程

织造工艺流程：经纱→整经→穿经

　　　　　　　　　　　　　　　　　→织造→生修

　　　　　　　　纬纱→蒸纱

　　为了防止骆马毛混纺织物在后序工艺中尺寸发生变化，应对混纺纱先进行蒸纱定型。表6-5为混纺织物织造工艺。

表6-5　织造工艺参数

织物种类	状态	经密（10 cm）	纬密（10 cm）	幅宽（cm）	长度（m）	面密度（g/m²）
65/30/5(骆马毛/羊毛/锦纶)	上机	240	210	181	60	—
	下机	252	215	172	56.4	628

织物种类	状态	经密（10 cm）	纬密（10 cm）	幅宽（cm）	长度（m）	面密度（g/m²）
50/45/5(骆马毛/羊毛/锦纶)	上机	240	210	181	60	—
	下机	250	218	173	56.5	616

骆马毛混纺织物的总经根数为4308根，下机织物的幅宽收缩率为96%，长度方向收缩率为94%，达到织物的设计要求。

4. 织物后整理

织物经过起毛加工、烫光剪毛等流程后整理，在织物外观和手感上得到一定程度的改善，从而大幅度地增加织物的附加价值和经济效益。

（1）织物后加工工序。骆马毛混纺织物下机后需要经过后整理加工才能呈现出均匀丰盈的绒毛效果，后整理加工也是决定织物手感和风格最重要的环节，后整理加工全程需要经过20道工序，每一道工序都直接影响最终产品的品质。如下为后整理加工过程的20道工序：

修呢→缝筒→缩呢→轧水→脱水→烘干→钢丝起毛→剪毛→钢丝掉头起毛→剪毛→轧水→脱水→刺果起毛→烘干→烫光→剪毛→烫光→剪毛→烫光→剪毛→检验包装→入库

其中，修呢→缝筒→缩呢→轧水→脱水→烘干称为织物前处理，是为了去除坯布上的浆料、油剂等其他杂质；钢丝起毛→剪毛→钢丝掉头起毛→剪毛→轧水→脱水→刺果起毛称为拉毛工序，是为了使织物从两面平整变为单面起毛的效果；烘干→烫光→剪毛→烫光→剪毛→烫光→剪毛称为后整理工序，是为了保证织物绒毛丰满厚实、匀整有光泽。

（2）织物后整理工艺。后整理的工序都是为了保证坯布能够具有独特的风格与特点，而为了使织物的风格和性能在不同批次间保持一致，因此，各道工序的工艺和参数需要得到配合和调整。

修呢：保证布面平整无疵点、破洞等，为后道加工提供基础。

缝筒：要均匀齐整，保证加工中受力均匀。

缩呢：通过高温高湿消除织物内应力，使织物表面平整。

烘干：保证两布边张力均匀，使织物烘干后幅宽达到设计要求。

钢丝起毛、剪毛：钢丝起毛比较激烈，在保证布面张力均匀的前提下，注意织物的静电消除和飞花清理。

轧水、脱水：通过压辊调节适当的压力，确保织物的湿度适中，为后序刺果起毛提供适宜拉毛环境。

刺果起毛：刺果起毛属于湿起毛，并且刺果也要先经过浸湿处理。

烫光、剪毛：温度选在220℃左右范围内，顺毛绒方向进行，烫光剪毛重复进行三次，尽量降低对织物表面毛绒的过度损伤。

检验包装：检查布面有无疵点，并选择适宜松紧程度的卷装。

经过上述各道工序的严格把关，最终成品规格达到了设计要求：幅宽150 cm，克重580 g/m²，经密280根/10 cm，纬密177根/10 cm。

①先钢丝起毛后刺果起毛。

刺果起毛机：刺果是一种天然的织物果实，多为椭圆球形，刺果表面会有弯钩状的刺，尖锐且有韧性，钩刺排列均匀紧密，将其排列安装在起毛机上，当机器开始运转工作时，由于钩刺和织物之间存在一定的夹角，使得钩刺能够有效地将纤维从织物表面拉出，且不会因为垂直作用而使得织物受到损伤。起毛辊要保持和织物运转方向相反，形成相对运动，加速纤维的抽拔，并在一旁设置吸风除杂装置。而刺果起毛比较适合用在湿起毛工艺中，并且刺果也要经过湿润处理增加韧性，这样不仅使得起毛作用较为和缓，也是保护刺果上的钩刺不受损伤，这样下机的织物手感细腻、光泽莹亮，图6-7为刺果起毛机上所用的刺果。

钢丝针起毛机：起毛辊上有紧密有序排列的钢丝针，工作原理与刺果起毛相似，如图6-8为钢丝起毛针辊。钢丝起毛相比于刺果起毛效率更高、作用更加强烈，容易对织物表面造成疵点和损伤，由于作用猛烈，纤维受到的拉伸作用更强，使得拉毛较长，不够细密，仅用钢丝起毛则织物容易露底。

图6-7　刺果

图6-8　钢丝起毛针辊

在实际加工和生产当中，通常使用钢丝起毛和刺果起毛相结合，一般先使用钢丝起毛，使得织物在短时间内先具备一定的基础绒量，从而使用刺果起毛，使织物手感更具有层次感。如果想要织物表面为长顺毛效果，可使刺果起毛和钢丝起毛与织物的作用方向相同，若想使得织物表面绒毛丰盈紧密，毛绒感强，可以在上述工艺中添加钢丝掉头起毛，即在钢丝起毛机上反向喂入已经拉毛过的织物，使得起毛针反向作用于织物，拉出与之前出毛方向相反的绒毛，两种朝向的绒毛交错矗立，增加织物绒感。

图6-9为钢丝单向起毛效果图，图6-10为钢丝双向起毛效果图。

如下所示为钢丝起毛和刺果起毛相结合的起毛效果原理图，图6-11为先钢丝起毛后刺果起毛效果图，图6-12为钢丝起毛—钢丝掉头起毛—刺果起毛效果图。

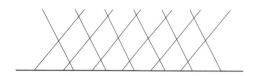

图6-9　钢丝单向起毛效果图

图6-10　钢丝双向起毛效果图

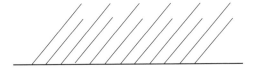

图6-11 先钢丝起毛后刺果起毛效果图

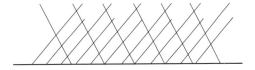

图6-12 钢丝起毛—钢丝掉头起毛—刺果起毛效果图

②三次循环烫毛剪毛工序。烫光整理的目的是为了使织物表面毛绒丰满光亮，通过一个电加热棒，调整螺旋槽角度来改变烫光辊和织物的接触程度，接触越浅则作用越缓，接触越深则作用越强烈。

烫光之后的织物，表面绒毛矗立顺滑，经过剪毛，可以保证剪毛的齐整和均匀，而反复经过三次烫光剪毛，可使织物表面绒毛光滑匀整。

（二）织物表观图

如图6-13～图6-23所示为混纺比50/45/5（骆马毛/羊毛/锦纶）和混纺比65/30/5（骆马毛/

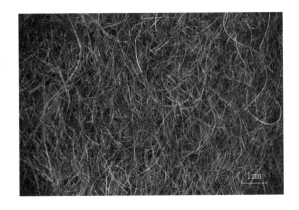

(a) 正面

(b) 反面

图6-13 50/45/5（骆马毛/羊毛/锦纶）花驼色正、反面表观图

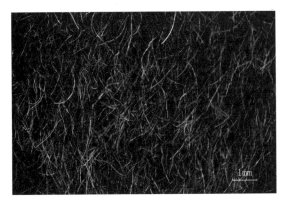

(a) 正面

(b) 反面

图6-14 50/45/5（骆马毛/羊毛/锦纶）花棕色正、反面表观图

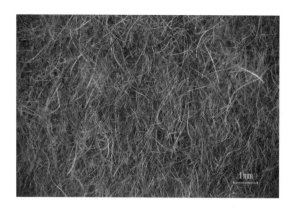 

(a) 正面   (b) 反面

图6-15 50/45/5（骆马毛/羊毛/锦纶）混咖色正、反面表观图

 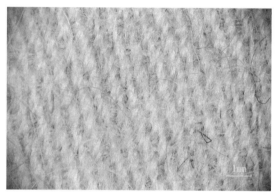

(a) 正面   (b) 反面

图6-16 50/45/5（骆马毛/羊毛/锦纶）米白色正、反面表观图

 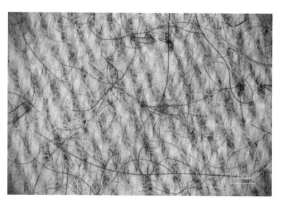

(a) 正面   (b) 反面

图6-17 50/45/5（骆马毛/羊毛/锦纶）浅灰色正、反面表观图

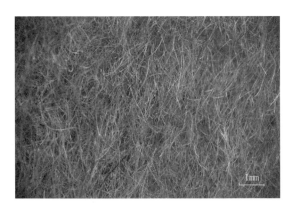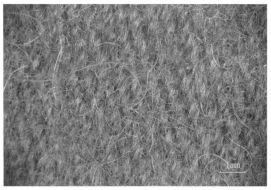

(a) 正面　　　　　　　　　　　　　　　　　　(b) 反面

图6-18　50/45/5（骆马毛/羊毛/锦纶）浅驼色正、反面表观图

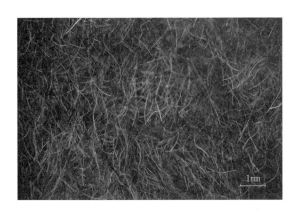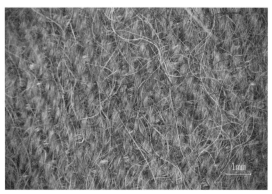

(a) 正面　　　　　　　　　　　　　　　　　　(b) 反面

图6-19　65/30/5（骆马毛/羊毛/锦纶）灰棕色正、反面表观图

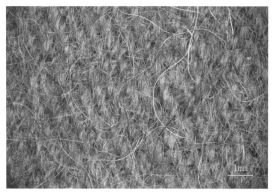

(a) 正面　　　　　　　　　　　　　　　　　　(b) 反面

图6-20　65/30/5（骆马毛/羊毛/锦纶）混咖色正、反面表观图

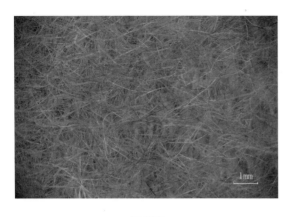
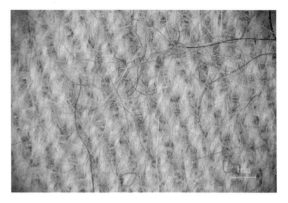

(a) 正面   (b) 反面

图6-21　65/30/5（骆马毛/羊毛/锦纶）米白色正、反面表观图

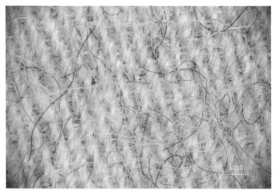

(a) 正面   (b) 反面

图6-22　65/30/5（骆马毛/羊毛/锦纶）浅灰色正、反面表观图

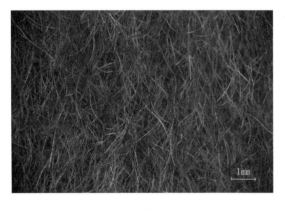
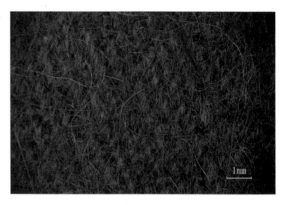

(a) 正面   (b) 反面

图6-23　65/30/5（骆马毛/羊毛/锦纶）浅驼色正、反面表观图

羊毛/锦纶）各色织物电子显微镜下织物正反面表观图。

通过以上两组不同混纺比的织物电子显微镜表观图对比，可以从织物正面表观图中获悉，65/30/5（骆马毛/羊毛/锦纶）比较于50/45/5（骆马毛/羊毛/锦纶），更易露底，特别是在浅色织物上可以较明显观察到，因为羊毛的含量在一定范围内提高，羊毛的天然卷曲会使织物表面绒毛更加丰盈，因此对底布的遮盖作用较强。

（三）影响织物拉毛效果的因素分析

织物起毛效应的好坏，主要取决于以下三个方面：坯布性能（原料、织物的组织等）；机件性能（起毛机类型、针布、起毛力的调控等）；工艺配置（流程配置、工艺参数、所用助剂等）。

1. 织物组织结构对拉毛效果的影响

织物组织对拉毛效应的影响可以参考表6-6数据加以说明。周瑞贞、刘世安、阮达仁在《织物组织结构和起毛效应的关系》一文中通过对比相同支数毛纱织造的6种不同组织结构的织物进行拉毛处理，将其拉毛后织物性能进行对比，见表6-6，这6种织物组织结构分别为平纹、2/2斜纹、1/3斜纹、8/3纬面加强缎纹、8/5纬面加强缎纹。

表6-6　不同组织拉毛后的变化情况

产品类别	20×20（cm^2）干重（g）		失重值（g）	失重率（%）	织物厚度（mm）			
	坯布	拉毛布			坯布	拉毛布	增值	增厚率（%）
平纹	7.81	7.72	0.09	1.15	0.669	0.752	0.083	12.4
$\frac{2}{2}$斜纹	8.76	8.6	0.16	1.83	0.754	1.051	0.297	39.4
$\frac{1}{3}$斜纹	8.63	8.47	0.16	1.85	0.777	1.150	0.373	48.0
$\frac{8}{3}$纬面加强缎纹	9.13	8.94	0.19	2.08	0.993	1.530	0.537	54.1
$\frac{8}{5}$纬面加强缎纹	9.02	8.82	0.20	2.22	0.987	1.554	0.567	57.4

从表6-6数据可知，无论使用刺果拉毛还是钢丝拉毛工艺，其原理都是勾出纱线所握持的纤维，因此，织物表面浮线的长度和拉毛毛绒的长度成正比。而浮线所在纱线不同也会产生经浮线和纬浮线，可根据织物性能和风格进行设计。

起毛的效果直接通过织物厚度的变化来表示，增厚越多则起毛效果越好。因此，平纹的起毛效果最差，不适宜用于生产丰满毛绒效果的坯布，而加强缎纹效果最佳，但由于加强缎纹本身织物组织的特性，决定了其拉毛产品虽然增厚较为理想，但织物强力损失也较其他几种织物而言最为严重，若织物厚度和克重设计为较轻薄的织物类型，则不适宜采用加强缎纹。

根据八枚三飞纬面加强缎纹和八枚五飞纬面加强缎纹两种织物的织物表面浮线长度差异

可以得知，若想获得较短而密的绒毛可以选择八枚三飞纬面加强缎纹，若需要长顺毛织物风格，可以选用八枚五飞纬面加强缎纹。

对上述不同织物组织的强度变化和起毛情况进行测定和观察，结果见表6-7。

表6-7　不同织物组织拉毛后强度变化

产品类别	经向强度（mN）		经向强度变化率（%）	纬向强度（mN）		纬向强度变化率（%）	毛绒情况
	坯布	拉毛布		坯布	拉毛布		
平纹	806	777	−3.41	696	738	+6.06	稀、短、露底
$\frac{2}{2}$斜纹	785	805	+2.50	785	710	−9.61	均匀、丰满、长短适中
$\frac{1}{3}$斜纹	829	785	−5.32	839	731	−11.61	毛头匀、毛绒较长、不露底
$\frac{8}{3}$纬面加强缎纹	799	785	−1.72	859	658	−23.4	毛绒长
$\frac{8}{5}$纬面加强缎纹	768	755	−1.69	848	646	−23.7	毛绒长

由表6-7数据可以得知，两种纬面加强缎纹在经过拉毛后，经向强度损失较小，而纬向强度损失较大，约高达23%，而斜纹组织的强度损失则较小，其次是平纹；但是平纹组织绒毛较稀短，有露底的情况出现，斜纹毛绒均匀丰满、长度适中，而纬面加强缎纹可以产生较长的毛绒。

综上五类织物的拉毛性能对比，可以得出结论，针对骆马毛混纺拉毛织物的织物要求，选择八枚五飞纬面加强缎纹组织，不仅可以因其较长的浮线得到满足长度要求的拉毛，并且毛绒丰满均匀、不露底，织物纬向强力虽有损失，但织物的厚度较大，可以满足作为冬季大衣面料的性能要求。

2. 捻系数、织物密度对拉毛效果的影响

捻系数是影响纱线强力和紧密程度的一项指标，捻系数越大，说明纱线中纤维相互作用越紧密，较难从纱体中抽拔出来，所织造的织物更加紧密，拉毛密度将受到影响。反之，在不影响纱线性能的前提下，适当减小纱线捻度，将有利于纤维从纱线中抽拔，可促进拉毛的丰满效果。可根据织物的设计需求选择适当的捻系数，达到理想的拉毛效果。

同理，织物密度也是同样的作用原理，织物密度和纱线中的纤维被握持程度成正比，纤维越不易被抽拔，拉毛效果越会受到影响，若强行对高密度织物起毛，可能还会对织物的力学性能造成损失。反之，再满足后道工序和产品性能对织物的要求的前提下，适当降低织物的密度，可以促进拉毛，产生更密和长的拉毛效果。

3. 纤维原料对拉毛效果的影响

纤维原料的差异决定了织物拉毛的难度，也需要根据原料的种类设计加工参数。纤维主要从以下三个方面影响织物拉毛，分别是纤维回潮率、强力、长度。

纤维的回潮率直接影响织物的回潮率，前文提及刺果起毛需要在润湿环境中进行，因此，织物的调湿工艺要根据纤维原料的回潮率而设计，适当的湿度可以保证拉毛工序有效地进行。

纤维强力对于拉毛效果的影响主要体现在纤维强度越大，拉毛力度要求越高，同时纤维不易拉断，更容易以抽拔的形式露出织物表面，较易形成长毛绒，但也容易造成拉毛工序的织物质量损失较大。因此，纤维强力较小，有助于得到细密且较短的毛绒。

纤维长度对拉毛效果的影响体现在，纤维越长，在拉毛过程中越不易被抽拔出纱体，更容易被拉断，形成短毛羽，但这也同样取决于纤维的强力性能，因此，纤维的长度和强力对拉毛效果的影响是需要综合来考量的，也需要根据织物的设计需求。

（四）混纺织物性能对比

1. 织物厚度对比

表6-8两种不同混纺比织物厚度对比。

表6-8 不同混纺比织物厚度对比

织物种类	厚度平均值（mm）	厚度均方差	厚度CV（%）
65/30/5（骆马毛/羊毛/锦纶）	4.19	0.10	2.39
50/45/5（骆马毛/羊毛/锦纶）	4.36	0.12	2.79

由表6-8中数据可以得知，在织物组织结构相同，织物克重均为580 g/m²，50/45/5（骆马毛/羊毛/锦纶）混纺面料的厚度比65/30/5（骆马毛/羊毛/锦纶）混纺面料的厚度较大，为4.36 mm。其主要原因为羊毛的天然卷曲要比骆马毛明显，混纺面料经过拉毛处理，织物表面的毛羽中，如果羊毛较多，则纤维之间因卷曲相互支撑，增大织物表面绒毛丰满程度，在一定程度上增加了织物的厚度。而骆马毛卷曲较少，纤维之间相互接触比较服帖，比较有纹理。

2. 织物拉伸断裂性能对比

表6-9为两种不同混纺比织物拉伸断裂性能比较。

表6-9 不同混纺比织物拉伸断裂性能比较

织物种类		断裂强力（N）	试验伸长（mm）	伸长率（%）	断裂强度（N/mm）
50/45/5（骆马毛/羊毛/锦纶）	平均值	420.64	48.07	48	28.04
	均方差	48.50	3.39	3.38	3.23
	CV（%）	11.53	7.06	7.04	11.53
65/30/5（骆马毛/羊毛/锦纶）	平均值	425.50	53.51	53.46	28.37
	均方差	27.73	2.35	2.38	1.85
	CV（%）	6.52	4.40	4.44	6.52

如图6-24和图6-25所示为两种混纺织物拉伸断裂曲线。

由数据和混纺织物拉伸断裂曲线可以得知，65/30/5（骆马毛/羊毛/锦纶）混纺织物的断

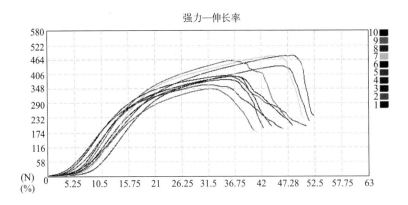

图6-24　50/45/5（骆马毛/羊毛/锦纶）混纺织物拉伸断裂曲线

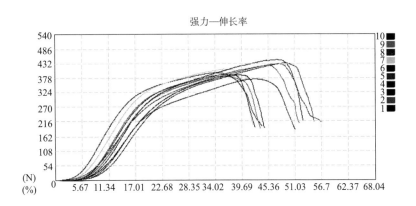

图6-25　65/30/5（骆马毛/羊毛/锦纶）混纺织物拉伸断裂曲线

裂强力和断裂伸长都大于50/45/5（骆马毛/羊毛/锦纶）混纺织物，并且断裂强力的数值离散度更小，但两种混纺织物的断裂强力性能差异较小，均能满足秋冬季服用外衣面料的强力要求。导致这一现象的原因主要有两点，其一是纤维强力不同，羊毛纤维的断裂强力约为12 cN，而骆马毛的纤维断裂强力为8.97 cN，所以羊毛纤维含量和织物强力在一定程度上成正比；其二是羊毛纤维的卷曲增大了纤维间的摩擦抱合，从而提高了混纺织物的强力。

3. 织物顶破性能对比

表6-10所示为两种不同混纺比织物顶破性能测试结果。

表6-10　不同混纺比织物顶破性能比较

织物种类		顶破强力（N）	顶破强度（N/cm²）	扩张度（mm）
50/45/5（骆马毛/羊毛/锦纶）	平均值	648.75	6.49	16.68
	均方差	48.47	0.48	0.36
	CV（%）	7.55	7.55	2.20
65/30/5（骆马毛/羊毛/锦纶）	平均值	501.09	5.01	16.21
	均方差	80.82	0.81	0.86
	CV（%）	15.90	15.90	5.25

如图6-26、图6-27所示为两种混纺织物顶破曲线。

如图6-28、图6-29所示为两种混纺织物试样顶破后对比图。

由数据和混纺织物顶破曲线可以得知，50/45/5（骆马毛/羊毛/锦纶）混纺织物的顶破强

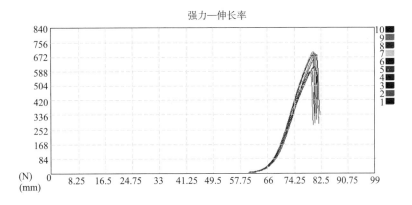

图6-26　50/45/5（骆马毛/羊毛/锦纶）混纺织物顶破曲线

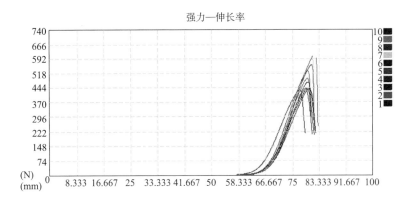

图6-27　65/30/5(骆马毛/羊毛/锦纶)混纺织物顶破曲线

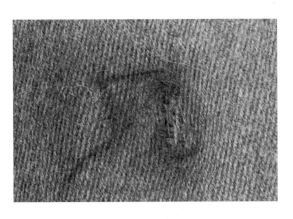

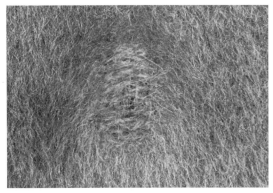

(a) 正面　　　　　　　　　　　　　　　(b) 反面

图6-28　50/45/5（骆马毛/羊毛/锦纶）混纺织物顶破试样正、反面

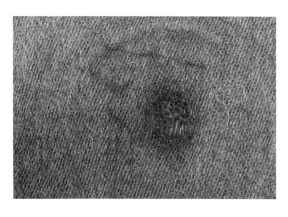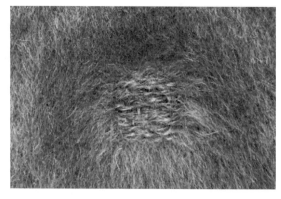

| (a) 正面 | (b) 反面 |

图6-29 65/30/5(骆马毛/羊毛/锦纶)混纺织物顶破试样正、反面

力、顶破强度和扩张度都大于65/30/5（骆马毛/羊毛/锦纶）混纺织物，并且断裂强力的数值离散度更小，但两种混纺织物的顶破性能差异较小，均能满足秋冬季服用外衣面料的强力要求。而且根据试样顶破状态可以观察得知，织物顶破时纬纱先发生断裂，而后经纱发生位移。

4. 织物抗皱性能对比

表6-11为两种不同混纺比织物抗皱性能比较。其中绒毛面向上进行测量为正面，绒毛面向下进行测量称作反面。

表6-11 不同混纺比织物抗皱性能比较

织物种类 经向		急弹性折皱角平均值（度）		缓弹性折皱角平均值（度）	
		纬向	经向	纬向	纬向
65/30/5 （骆马毛/羊毛/锦纶）	正面	170.1	162.6	175.6	169.9
	反面	126.9	151.4	131.8	157.0
50/45/5 （骆马毛/羊毛/锦纶）	正面	174.8	156.6	178.4	164.9
	反面	133.7	150.7	138.9	159.3

由表6-11数据可以得知如下三个结论。

（1）骆马毛混纺单面拉毛织物的正面抗皱性能要优于反面。原因在于骆马毛混纺织物单面拉毛为正面，正面朝上发生折叠时，织物表面绒毛相互作用分解部分重锤的作用力，防止织物中纱线的屈曲波发生变化，在重锤抬起后，纤维的自身弹性和纤维丛的作用力能够帮助织物进一步恢复到原来的程度，而反面则没有此作用力，因此，拉毛混纺织物的正面抗皱性能优于反面抗皱性能。

（2）该混纺织物的经向抗皱性能要优于纬向抗皱性能。原因在于该织物采用的是纬面缎纹结构，因此，织物的经向密度远大于纬向密度，经纱排列要比纬纱紧密，重锤下落时，经向受力纱线较多，分散到单根纱线上的作用力较小，纱线形变也较小，在重锤抬起后，纱线能够完成较好的弹性回复，使织物的抗皱性提高。而纬向的纱线排列疏松，同理之下，产生形变的概率也较大，抗皱性能会相应减弱。并且，纱线结构的紧密程度也直接影响纱线的抗弯曲性能，经纱的结构比纬纱紧密且捻度较大，都对经向抗皱性能的提高有所帮助。

（3）50/45/5（骆马毛/羊毛/锦纶）混纺织物的抗皱性能要优于65/30/5（骆马毛/羊毛/锦纶）混纺织物。原因在于两种织物采用相同的织物组织结构和织造工艺，且织物克重相同，那么混纺比的不同导致织物中羊毛含量的提高，使得混纺织物抗皱性能提高。羊毛纤维的细度、刚度和卷曲均大于骆马毛纤维，导致织物表面拉毛后绒毛更加丰满，由研究结论可知，织物表面拉毛越丰满、纤维的刚性越大，则织物正面的抗皱性越好。

5. 织物静态悬垂性能对比

表6-12为两种不同混纺比织物悬垂性能比较。

表6-12　不同混纺比织物悬垂性能比较

实验编号	1	2	3	4	5	F平均值（%）	CV（%）
65/30/5（骆马毛/羊毛/锦纶）	72.4	71.5	71.8	70.6	70.8	71.4	0.92
50/45/5（骆马毛/羊毛/锦纶）	72.2	73.6	73.3	74.4	73.8	73.4	0.98

由表6-12数据可以得知，65/30/5骆马毛/羊毛/锦纶的悬垂率（F）平均值为71.4，50/45/5骆马毛/羊毛/锦纶的悬垂率（F）平均值为73.4，65/30/5骆马毛/羊毛/锦纶的悬垂性要优于50/45/5骆马毛/羊毛/锦纶。有此现象的原因是，在织物组织结构相同、织造参数相同的情况下，其悬垂性能最主要由纤维的摩擦因数来决定，纤维摩擦因数越大，织物交织点摩擦越大，织物剪切刚度越大，织物的悬垂性下降。而骆马毛的摩擦因数接近羊绒，小于羊毛，因此，混纺织物中骆马毛含量越高，织物的悬垂性越好。

6. 织物透气性能对比

表6-13为两种不同混纺比织物透气性对比。

表6-13　不同混纺比织物透气性对比

织物种类	透气率（%）		CV（%）	
	正面	反面	正面	反面
65/30/5（骆马毛/羊毛/锦纶）	513.32	510.74	1.659	1.578
50/45/5（骆马毛/羊毛/锦纶）	466.97	463.68	1.876	1.947

由表6-13所测得不同混纺比的织物透气率可以得知，在织物组织结构和织物克重相同的情况下，混纺比为65/30/5（骆马毛/羊毛/锦纶）的织物的透气率大于50/45/5（骆马毛/羊毛/锦纶）的织物的透气率，即骆马毛含量在适当范围内增加，织物的透气性能越好。有此结果的原因是，纱线表面形态和空间体积都会对气流流动的阻碍产生影响，特别是毛羽情况，纱线的毛羽越多，对织物结构中空隙阻碍越多，从而导致气流流动阻力增大。因70/30（骆马毛/羊毛）混纺纱的毛羽要多于55/45（骆马毛/羊毛）混纺纱，因此，混纺比为65/30/5（骆马毛/羊毛/锦纶）的织物的透气率大于50/45/5（骆马毛/羊毛/锦纶）的织物的透气率。而两种混纺

织物正反面的透气率差异极小，基本可以认为没有明显的透气性差异。

7. 织物保暖性能对比

表6-14为两种不同混纺比织物保温性能对比。

表6-14　不同混纺比织物保温性能对比

织物种类	热阻（$10^{-3} \cdot m^2 \cdot k/W$）	克罗值	传热系数［$W(m^2 \cdot k)$］
65/30/5（骆马毛/羊毛/锦纶）	51.35	0.62	12.34
50/45/5（骆马毛/羊毛/锦纶）	56.72	0.68	11.83

表6-14所测得不同混纺比的织物的克罗值可以得知，在织物组织结构和织物克重相同的情况下，混纺比为50/45/5（骆马毛/羊毛/锦纶）的织物的克罗值大于65/30/5（骆马毛/羊毛/锦纶）的织物的克罗值，即羊毛含量在适当范围内增加，织物的保暖性能越好。

冬季服装要求织物导热系数小，即热阻要大，而织物夹持静止空气能力要强，且织物透气量要小。综合前文所测，混纺比为65/30/5（骆马毛/羊毛/锦纶）的织物的透气率大于50/45/5（骆马毛/羊毛/锦纶）的织物的透气率，混纺比为50/45/5（骆马毛/羊毛/锦纶）的织物的保暖性能优于65/30/5（骆马毛/羊毛/锦纶）的织物。

8. 织物缩水率对比

如图6-30～图6-33所示为两种织物水洗前后正反面对比图。

经测量，两种织物的水洗后尺寸变形率见表6-15。

表6-15　两种织物的水洗后尺寸变形情况

织物种类	经向缩水率（%）	纬向缩水率（%）
65/30/5（骆马毛/羊毛/锦纶）	3.6	3.3
50/45/5（骆马毛/羊毛/锦纶）	3.9	3.5

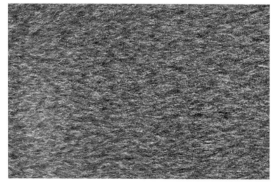
(a) 正面

(b) 反面

图6-30　65/30/5（骆马毛/羊毛/锦纶）试样水洗前正、反面

(a) 正面

(b) 反面

图3-31　65/30/5（骆马毛/羊毛/锦纶）试样水洗后正、反面

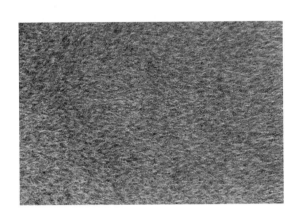

(a) 正面

(b) 反面

图6-32　50/45/5（骆马毛/羊毛/锦纶）试样水洗前正、反面

(a) 正面

(b) 反面

图6-33　50/45/5（骆马毛/羊毛/锦纶）试样水洗前正、反面

表6-15所测得不同混纺比织物的经纬缩水率可知，八枚五飞纬面加强缎纹组织的经向缩水率大于纬向缩水率，且骆马毛含量较高，缩水率较小。

导致出现这个现象的原因为：织物经向密度较大，而纬面长浮线较多，织物经向内应力加大，因此，织物经水洗后内应力消除使得织物尺寸收缩。又因为羊毛纤维的纤维鳞片包裹程度没有骆马毛纤维鳞片紧密，因此，经过水洗机械作用后更易发生收缩，导致织物尺寸变化较大。

但通过观察两组织物水洗后织物表面可以得知，在没有经过熨烫的条件下，绒毛光泽有一定程度的损失，出现轻微纠缠，而织物正面的变化要较反面明显。因此，在该种织物日常护理过程中要注意洗护方式，避免机械作用水洗，或者在洗后需要进行整烫处理。

9. 织物起毛起球对比

如图6-34～图6-37所示为两种织物起毛起球前后织物表面对比图。

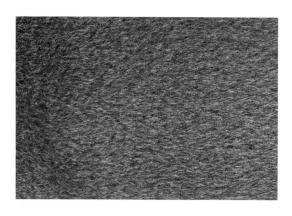

(a) 正面

(b) 反面

图6-34　65/30/5（骆马毛/羊毛/锦纶）试样试验前正、反面

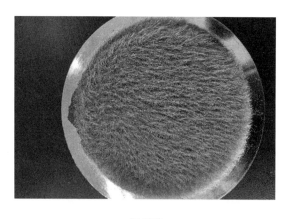

(a) 正面

(b) 反面

图6-35　65/30/5（骆马毛/羊毛/锦纶）试样试验后正、反面

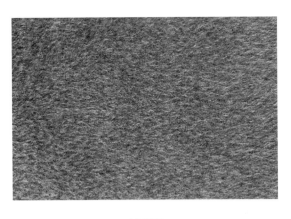

(a) 正面　　　　　　　　　　　　　　　　　　　　(b) 反面

图6-36　50/45/5（骆马毛/羊毛/锦纶）试样试验前正、反面

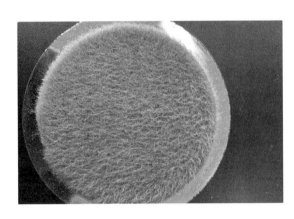

(a) 正面　　　　　　　　　　　　　　　　　　　　(b) 反面

图6-37　50/45/5（骆马毛/羊毛/锦纶）试样试验后正、反面

通过如上起毛起球织物前后对比图可以得出如下结论。其一，织物正面，即拉毛面经过起毛起球，表面绒毛倒伏且相互纠缠，50/45/5（骆马毛/羊毛/锦纶）织物起毛起球程度要优于65/30/5（骆马毛/羊毛/锦纶）织物；其二，织物反面，经过起毛起球出现明显起球现象，50/45/5（骆马毛/羊毛/锦纶）织物起毛起球程度要优于65/30/5（骆马毛/羊毛/锦纶）织物，出现的毛球较少。但从图中综合分析，骆马毛混纺面料的抗起毛起球性能较差，有待于新工艺的开发以解决该问题。

根据本织物的起毛起球特点，可从以下几个方面着手研究。

（1）纱线选择适当加捻结构，纱线的捻度大，结构紧密，不利于毛羽量积累和毛羽长度增加。

（2）织物组织结构，织物的密度和起毛效果成反比，浮线长度成正比。

（3）增大毛绒密度，纤维间无空间发生弯曲纠缠，越不易起球。

参考文献

［1］赵绪福. 产业链视角下中国农业纺织原料发展研究［M］. 武汉：武汉大学出版社，2006.

［2］李磊. 手排法测定山羊绒长度国际标准获立项［J］. 纺织服装周刊，2013（22）：26.

［3］周胜飞. 棉麻纤维切片仪器设计与自动识别方法的研究［D］. 武汉：湖北工业大学，2013.

［4］张敏，朱波，王成国，马婕. 用SEM研究碳纤维的表面及断口形貌［J］. 功能材料，2010（10）：1731-1733.

［5］秦盼盼. 羊驼毛保暖性能探究与优化供应商开发应用实践［D］. 上海：东华大学，2012.

附录一　抗静电剂及和毛油介绍

抗静电剂DK-104

抗静电剂DK-104用于羊毛及混纺纤维的制条、纺纱，在粗纺、半精纺等不同工艺领域均可使用，具有抗静电性能优越，易溶于水，易从纱线上洗去、残留低等特点。

【技术指标】

外观	无色至微黄色黏液
离子性	阴离子
pH（1%水溶液）	6.5 ~ 7.5
溶解性	易溶于水

【性能与特点】

（1）具有优良的抗静电性能，能在纤维与纤维、纤维与机件的摩擦过程中有效地抑制静电的产生。

（2）能赋予纤维表面很好的导电性，消除已产生的静电，防止因静电而引起的纺织过程中飞毛、毛网不均、抱合不好等现象，保证纺织生产正常进行，提高产品品质。

（3）可与非离子、阴离子表面活性剂同浴混合使用，不能与阳离子表面活性剂混合使用。在清水中极易洗去，对染色和成品的色泽无影响。

（4）抗静电剂DK-104可与和毛油配合使用，也可以单独使用。

【应用范围】

适用纤维：羊毛、兔毛、化学纤维、合成纤维及混纺制品。

适用工艺：粗纺、精纺、半精纺等工艺。

【使用说明】

（1）用量：纤维原料重量的0.3%～1.5%。

（2）用法：先将和毛油在搅拌下慢慢加入去离子水（没有水处理条件的可用自来水）中，搅拌均匀后再把所需的抗静电剂DK-104慢慢加入，搅拌至均匀即可使用。

【包装与储运】

（1）贮存于干燥通风处，避免阳光直射。

（2）在室温下储存期为2年。

（3）一旦容器打开，建议短期内用完。

（4）包装为120 kg塑料桶。

（5）按一般化学品运输。

抗静电剂DK系列为环保型产品，无毒易降解，不含APEO等国际上禁用的化学物质，已通过Intertek生态环保认证，证书编号：GLF-07-APAC-10-0212。

欢迎查询Intertek官方网址：www.intertek.com.cn。

抗静电剂DK-1

【技术指标】

外观	无色至微黄色黏液
离子性	阴离子
pH（1%水溶液）	7.5～8.5
有效物	35%
相对密度	1～1.05
溶解性	易溶解于任意比例的水中

【特性】

（1）能赋予优异的抗静电性能。

（2）持久性好，易洗除，黏度低，宜稀释或直接喷原液。

（3）可与非离子、阴离子产品同浴使用，不能与阳离子产品混合使用。

（4）可单独使用，也可与和毛油配合使用。

【应用范围】

（1）适用纤维：羊毛等天然纤维、合成纤维。

（2）适用工序：精梳制条、纺纱、织造、染整等工艺。

【使用说明】

（1）推荐用量：以纤维重量计算。

喷淋法：
制条	0.2%~0.4%
精纺	0.1%~0.2%
半精纺	0.2%~0.8%
粗纺	0.3%~1%

浸轧法：1%~3%

客户可根据静电的多少增减用量。

（2）使用方法：将抗静电剂DK-1加入去离子水（或自来水）中，搅拌至均匀即可使用。与和毛油配合使用时，先将和毛油配制成乳液，然后将抗静电剂DK-1加入乳液中，搅拌均匀即可使用。

【注意事项】

（1）勿将和毛油与抗静电剂DK-1原液混合后加水搅拌，这样容易导致溶解困难或结晶。

（2）开封后使用过程中防止污水、灰尘、细菌及其他异物混入桶内，这样容易导致抗静电剂变质发臭。

（3）一旦容器打开，请勿存放在闷热潮湿的环境中，建议短期内用完。长期暴露在空气中会导致变质、挥发、黏度增加。

（4）若已经变质，请勿继续使用。

【包装与储运】

（1）储存于干燥通风的阴凉处，避免阳光直射。

（2）通常情况下未开封状态时保质期为2年。

（3）包装为50 kg、120 kg、1000 kg塑料桶。

（4）按非危险化学品运输。

已通过Intertek生态环保认证，证书编号：GLF-07-APAC-10-0212。

欢迎查询Intertek官方网址：www.intertek.com.cn/service/certiification。

和毛油DH-C

【技术指标】

主要成分	特种润滑油、乳化剂、抗静电剂
有效物含量	99%
外观	淡黄色油状液
离子性	非离子
pH（1%水溶液）	7.5±1
水溶性	易溶于水成稳定乳白色液体

【特性】

（1）高效的柔软、润滑性能，优良的抱合能力和良好的抗静电性能。

（2）降低纤维与纤维、纤维与设备之间的摩擦因数，增强纤维强度，避免绕皮辊、罗拉等现象，防止纤维断裂，减少落毛、飞毛，提高制成率。

（3）高效的渗透性能，使和毛更快速、均匀、透彻。

（4）具有防锈和清洁梳针的功能。

（5）无异味，可洗性极好，使用后纤维上不会残留异味，不影响染色，本品色泽浅，不会影响产品的白度，不泛黄，不变色。

（6）抗低温处理，冬季不易冻结，冷水即可乳化，使用方便。

（7）优良的生物降解性。

【应用范围】

（1）适用纤维：羊毛及混纺。

（2）适用工艺：粗纺。

【建议用量】

羊毛粗纺：2.0%～5.0%。

【使用说明】

（1）工作环境：温度25～28℃，湿度65～80%。

（2）在和毛时通过喷嘴施加。本品可以100%原液直接施加，或以两份或以上的水配制成乳液后使用。

（3）配制方法：先备好所需的去离子水（或自来水），开动搅拌装置，将和毛油慢慢加入水中，加料完成后继续搅拌约10 min，至乳液均匀即可。大储备桶中制备大量乳液时，定期搅拌，以保持乳液的稳定性。

（4）请勿将水直接倒入和毛油中。

【包装与储运】

（1）禁止接触明火，避免阳光直射。

（2）在室温下储存，未开封状态下保质期为2年。

（3）一旦容器打开，建议短期内用完。配制成的乳液应尽快用完。

（4）包装为50 kg、100 kg、900 kg塑料桶。

（5）按非危险化学品运输。

和毛油DH系列产品已通过Intertek生态环保认证，证书编号：GLF-07-APAC-10-0212。
欢迎查询Intertek官方网址：www.intertek.com.cn。

和毛油DH550

【技术指标】

主要成分	特种润滑油、乳化剂、抗静电剂
有效物含量	99%
外观	淡黄色油状液
离子性	非离子
pH（1%水溶液）	7.0±1
水溶性	易溶于水成稳定乳白色液体

【特性】

（1）高效的柔软、润滑性能，优良的抱合能力和良好的抗静电性。

（2）降低纤维与纤维、纤维与设备之间的摩擦因数，增强纤维强度，防止纤维断裂，减少落毛、飞毛，提高制成率。

（3）特殊的低油脂配方，成品油脂容易控制，不易超标，宽泛的使用范围为客户提供了更多的施加用量空间。

（4）高效的渗透性能，使和毛更快速、均匀、透彻。

（5）具有防锈和清洁梳针的功能。

（6）可洗性极好，极易从纱线上洗去、残留低。

（7）无异味，色泽浅，不会影响纱的白度，不泛黄，不变色。

（8）抗低温处理，冬季不易冻结，冷水即可乳化，使用方便。

（9）优良的生物降解性。

【应用范围】

（1）适用纤维：羊毛及混纺。

（2）适用工艺：精纺。

【建议用量】

（1）推荐用量：纤维重量的0.3%～1.0%。

（2）工作环境：温度25～28℃，湿度65%～80%。

【使用说明】

（1）在和毛时通过喷嘴施加。本品可以100%原液直接施加，或以两份或以上的水配制成乳液后使用。

（2）配制方法：先备好所需的去离子水（或自来水），启动搅拌装置，将和毛油慢慢加入水中，加料完成后继续搅拌10～20 min，至乳液均匀即可。大储备桶中制备大量乳液时，定期搅拌，以保持乳液的稳定性。

（3）请勿将水直接倒入和毛油中。

【包装与储运】

（1）禁止接触明火，避免阳光直射。

（2）在室温下储存，未开封状态下保质期为2年。

（3）一旦容器打开，建议短期内用完，配制成的乳液应尽快用完。

（4）包装为50 kg、100 kg、900 kg塑料桶。

（5）按非危险化学品运输。

已通过Intertek生态环保认证，证书编号：GLF-07-APAC-10-0212。

欢迎查询Intertek官方网址：www.intertek.com.cn/service/certiification。

和毛油DH-1

【技术指标】

主要成分	特种天然润滑油、乳化剂、抗静电剂
有效物含量	97%
外观	淡黄色油状液
离子性	非离子
pH（1%水溶液）	7.5～8.5
水溶性	易溶于水成稳定乳白色液体

【特性】

（1）高效的润滑、柔软性能，增强纤维强力，保护纤维长度，提高制成率，降低落毛率、短纤率和CVH值、减少毛粒的产生。

（2）提升可纺性，减少绕毛、飞毛、落毛，提升品质和工作效率，有效消除静电的影响。

（3）高效的渗透吸收性能，使和毛更快速、均匀、透彻。

（4）对针布等设备具有保护、防锈和清洁的功能。

（5）无异味，可洗性极好，使用后纤维上不会残留异味，不影响染色，本品色泽浅，不会影响毛条、毛纱的白度，不泛黄，不变色。

（6）抗低温处理，冬季不易冻结，冷水即可乳化，使用方便。

（7）更环保安全，植物配方，优良的生物降解性。

（8）如果在温度、湿度控制不理想的车间，静电影响严重时，请配合使用抗静电剂DK，该产品具有极佳的抗静电性能，详见抗静电剂DK产品说明。

【应用范围】

（1）适用纤维：羊毛。

（2）适用工艺：梳毛、制条、纺纱、织造。

【建议用量】

（1）推荐用量：羊毛纤维重量的0.3%～0.8%，具体用量根据洗净毛残油量和毛条要求而定。

（2）工作环境：温度25～28℃，湿度65%～80%。

【使用说明】

（1）在和毛时通过喷嘴施加。本品可以100%原液直接施加，或配制成10%～20%的乳液后使用。

配制方法：

先备好所需的去离子水（或自来水），启动搅拌装置，将和毛油慢慢加入水中，加料完成后继续搅拌约10 min，使乳液均匀。

添加所需的抗静电剂，搅拌均匀即可使用。

大储备桶中制备大量乳液时，定期搅拌，以保持乳液的稳定性。配制成的乳液应尽快用完。

（2）如需要，也可在末道针梳时施加，以控制毛条的回潮率和含油率。

【包装与储运】

（1）禁止接触明火，避免阳光直射。

（2）在室温下储存，未开封状态下保质期为3年。

（3）一旦容器打开，建议短期内用完。

（4）包装为50 kg、100 kg、900 kg塑料桶。

（5）按非危险化学品运输。

已通过Intertek生态环保认证，证书编号：GLF-07-APAC-10-0212。
欢迎查询Intertek官方网址：www.intertek.com.cn/service/certiification。

环保羊毛洗涤剂 X100-Y

环保羊毛洗涤剂 X100-Y 用于各类羊毛的清洗及羊毛制品的洗涤。

【技术指标】

外观	25℃时为无色透明黏液,10℃以下变浑浊，黏度增加，可能分层或冻结
气味	无味或淡淡的气味
有效成分	＞95%
pH (1%水溶液)	6.5 ~ 7.0.
离子性	非离子

【产品特性】

（1）本品环保安全,不含 APEO，不含甲醛，无磷，已通过 INTERTEK 安全环保认证。
（2）本品具有良好的洗涤、乳化、脱脂的能力。
（3）本品为中性洗涤剂，不含酸性或碱性物质，不会损伤羊毛等蛋白质纤维，不会腐蚀皮肤和设备。
（4）本品耐碱、耐酸、不受硬水影响，泡沫低。
（5）本品为非离子洗涤脱脂剂，可与阴离子、阳离子、非离子的助剂混合使用。
（6）本品具有优异的生物降解性，有利于回收羊毛脂的后加工及污水和污泥的处理。
（7）低温流动性较好，冬季使用方便。

【使用范围】

（1）原毛洗涤中用作洗涤剂和脱脂剂。
（2）羊毛炭化中用作洗涤剂和脱脂剂。
（3）羊毛染色中用作前处理剂、除油剂、洗涤剂。

【羊毛洗毛工艺应用参考】

澳毛细度	洗毛方法	洗涤剂耗用量 （1000 kg 原毛）	水温	洗净毛 油脂
>23 μm	弱碱性洗毛	3 kg ~ 7 kg	62 ~ 65℃	0.35 ~ 0.55
<23 μm	弱碱性洗毛	6 kg ~ 13 kg	60 ~ 63℃	0.35 ~ 0.55

【使用方法】

（1）直接使用：把环保羊毛洗涤剂 X100-Y 按所需用量直接添加到水温在 45℃以上的水槽中即可，添加位置在循环水的进口或出水口，利用水流将洗涤剂自然稀释。

（2）稀释使用：请在稀释槽中用35℃以上、55℃以下的热水稀释到 10%左右（在搅拌条件下进行稀释），再加入到洗涤槽中使用。

【注意事项】

（1）低温时，如果出现上层清澈、下层浑浊的分层现象，其化学性能会发生一定变化，使用前务必请搅拌均匀，或将整桶产品进行加热使其熔化至均匀透明，然后使用，否则会影响使用效果。80℃以下 24 h内加热不影响产品化学性能。

（2）禁止向已分层或冻结的产品包装桶内直接通入蒸汽进行加热。

【储存与包装】

（1）本品无毒，不易挥发，不属于易燃易爆产品。

（2）密封、常温放置。在室温下保质期为 3 年。

（3）包装为120 kg塑料桶，200 kg铁桶，1000 kg塑料桶。

（4）本品为非危险品，按非危险化学品运输。

已通过 Intertek 生态环保认证，证书编号：GLF-07-APAC-14-0527欢迎查询 Intertek 官方网址。

附录二 特种动物纤维产品开发案例

京维斯在特种动物纤维产品开发方面持续发力,推出原生态、无污染、不染色、保暖性强的健康环保生态纱线,牦牛绒产业已形成从原绒采购、分梳、纺纱、织衫、织布到制衣完备的全产业链。公司拥有最完善加工生产企业。羊毛洗涤生产线23条,每天可洗涤羊毛、山羊毛、牦牛毛等动物纤维达200余t;拥有国际先进的染毛生产工艺设备,年染毛产量达700余t。开发生产的牦牛绒24/2纱线,其中牦牛绒73.8%、锦纶13.4%、莱赛尔10.2%、牦牛毛2.6%。建设了智能、高标准、无尘洗毛车间(国际领先,一条线相当于现在的20条线,每天产量200t,全自动、全封闭、智能化)。车间包含洗毛、选毛、分拣、仓储。建立智能化、恒温恒湿分梳车间。建立了从散毛到成衣都可染的全自动中控染色机,无须人工操作,一台计算机、一份工艺单,就能出色地完成生产任务,极大地节省了人工成本,并大大地提高了产品质量。公司有织可穿制衣车间,采用数字化设计、智能化生产。通过这种方式大大地缩短了生产周期。"织可穿"横机的普及必将是针织领域的一次技术和产业革命。

附图1 LFB006-152型洗毛联合机

1. 洗毛设备

设备组成:B031-152喂毛机1台、B033-183喂毛机1台、UF046-150五锡林开松除杂机1台、FB006-152-1000洗毛槽2台、FB006-152-3000 洗毛槽3台、FB006-152-5000轧车5台。附图1所示为LFB006-152型洗毛联合机。

2. 分梳

主要梳理山羊绒、绵羊绒、牦牛绒等,它可以完全去除死毛、皮屑等杂质;高达98%的提取率;采取安全防护罩壳。附图2、附图3所示为牦牛绒分梳机。

3. 粗纺工艺纺纱

附图4所示为牦牛绒毕加力B6-6立锭走架式细纱机,采用此机进行粗纺纺纱。

4. 针织成衣

针织成衣采用附图5所示的慈星GE252C型牦牛绒针织电脑横机。

附图2　牦牛绒分梳机

附图3　牦牛绒分梳机（青岛YQA-186型）

附图4　牦牛绒毕加力B6-6立锭走架式细纱机

附图5　牦牛绒针织电脑横机（慈星GE252C）

5. 流行款式设计

牦牛绒要做好产品，分梳很关键，含粗、短绒率是最主要的指标。原料梳好了，可以生产全品类产品：围巾、内衣、西装、双面呢、牦牛绒衫、被子、袜子等。只要脱色染色工艺正确，也可做成除深色或本色外的其他产品。后整理工艺也与羊绒有些区别。牦牛绒同样也可以拥抱时尚（附图6~附图17）。

附图6

附图7

附图8

附图9

附图10

附图11

附图12

附图13

附图14

附图15

附图16

附图17

后 记

　　改革开放40周年来，中国纺织行业发生了翻天覆地的变化。我本人作为20世纪80年代的纺织专业毕业生，又曾担任过国有毛纺企业的技术高管，一直从事毛纺相关的研究，见证了中国毛纺织行业由小变大到成为世界毛纺织大国的过程。目前，中国毛纺织行业正处于走向世界毛纺织强国的进程中，中国纺织工业作为国民经济的支柱型产业，正以全新的姿态迈入新时代；围绕"创新驱动的科技产业、文化引领的时尚产业、责任导向的绿色产业"的行业新定位、提高产品和服务的供给能力，丰富品种、提升质量、深化技术和管理创新、适应小批量、多花色、快交货、快时尚为特点是纺织品市场的需求。

　　本书得到东华大学国际文化交流学院和纺织行业"一带一路"国际合作发展研究中心的研究出版经费的支持；在实际研究和写作过程中，得到了从事羊驼毛原料进口20年的青岛保税区安科国际贸易有限公司、南京羊毛市场、江苏联宏纺织有限公司、京维斯牦牛绒科技有限公司、玛特化工有限公司等公司的大力支持；本文还参考了相关著作、论文的观点，在此，一并深表谢意！限于本人水平，书中难免会有不妥及错误之处，敬请大家批评指正。

著者

2019年3月